U0275992

花卉栽培养护新技术推广丛书

百合科观叶植物

Baihekeguanyezhiwu

养花专家解惑答疑

王凤祥 主编

中国林业出版社

《百合科观叶植物·养花专家解惑答疑》分册
|编写人员| 王凤祥 蓝 民 刘书华
|图片摄影| 佟金成 冯 旭 乔峰雷 刘青华 刘书华
|参加工作| 刘 娟 王晓杰

图书在版编目（CIP）数据
百合科观叶植物养花专家解惑答疑/王凤祥主编. —北京：中国林业出版社，2012.7
(花卉栽培养护新技术推广丛书)
ISBN 978-7-5038-6632-6
Ⅰ.①百… Ⅱ.①王… Ⅲ.①百合科－花卉－观赏园艺－问题解答
Ⅳ.①S682.1-44
中国版本图书馆CIP数据核字（2012）第117258号

策划编辑：李 惟 陈英君
责任编辑：陈英君

出 版：中国林业出版社（100009 北京西城区德内大街刘海胡同7号）
网 址：www.cfph.com.cn
E-mail：cfphz@public.bta.net.cn
电 话：（010）83224477
发 行：新华书店北京发行所
制 版：北京美光设计制版有限公司
印 刷：北京百善印刷厂
版 次：2012年7月第1版
印 次：2012年7月第1次
开 本：889mm×1194mm 1/32
印 张：4.25
插 页：8
字 数：130千字
印 数：1~5000册
定 价：26.00元

《百合科观叶植物·养花专家解惑答疑》分册

前言

花是美好的象征，绿是人类健康的源泉，养花种树深受广大人民群众的欢迎。当前国家安定昌盛，国富民强，百业俱兴，花卉事业蒸蒸日上，人民经济收入、生活水平不断提高。城市绿化、美化人均面积日益增加。大型综合花卉展、专类花卉展全年不断。不但旅游景区、公园绿地、街道、住宅小区布置鲜花绿树，家庭小院、阳台、居室、屋顶也种满了花草。鲜花已经成为日常生活不可缺少的一部分。在农村不但出现了大型花卉生产基地，出口创汇，还出现了公司加农户的新型产业结构，自产自销、自负盈亏花卉生产专业户更是星罗棋布，打破了以往单一生产经济作物的局面，不但纳入大量剩余劳动力，还拓宽了致富的道路，给城市日益完善的大型花卉市场、花卉批发市场源源不断提供货源。另外，随着各地旅游景点的不断开发，新的公园、绿地迅猛增加，园林绿化美化现场技工熟练程度有所不足，也是当前的一大难题。

为排解在百合科观叶植物生产、栽培养护中常遇到的问题，由王凤祥、蓝民、刘书华等编写《百合科观叶植物》分册，以问答方式给大家一些帮助。由刘娟、王晓杰协助整理，由佟金成、冯旭、乔峰雷、刘青华、刘书华提供照片，在此一并感谢。

本书概括百合科观叶植物的形态、习性、繁殖、栽培养护、病虫害防治、应用等多方面知识，通俗易懂，不受文化程度限制，适合广大花卉生产者、花卉栽培专业学生、业余花卉栽培爱好者阅读，为专业技术工作者提供参考。

作者技术水平有限，难免有不足之处，欢迎广大读者纠正。

作者

2012年3月

问 与 答

问 题

一 形态篇

二 习性篇

三 繁殖篇

四 栽培篇

五 病虫害防治篇

六 应用篇

一、形 态 篇

1. 怎样认识文竹？

答：文竹 (*Asparagus setaceus*) 又称云竹、云片竹、刺天冬等，为百合科天门冬属多年生常绿草本花卉。茎攀援或直立，多数幼株较弱，小盆栽植株多为直立，很少有攀援枝。栽培多年的老株，株丛较大的植株，健壮枝多出现攀援枝。根肉质、细长、多弯曲，白色或白黄色。丛生性，茎分枝很多，节处有黄色钩刺。枝条和叶状枝极密，常呈现水平状开展，叶状枝常为10～13枚簇生，刚毛状，鳞片状叶基部具刺状距或距不明显。花白色，1～4朵簇生，具短柄，花被6片，倒卵状披针形，柱头三裂。花期7～8月，浆果球形，成熟时紫黑色，果成熟期8～10月。

2. 怎样认识天冬草？

答：天冬草 (*Asparagus densiflorus*) 又称天门冬、非洲天门冬、万岁藤、天棘、颠枣、颠勒，为百合科天门冬属（天冬草属）多年生常绿草本或亚灌木。根肉质白色或黄白色，丰富多分枝，具纺锤状块根。茎幼时直立，随生长下垂，长可达1.5米，丛生成藤本状。叶状枝常3枚簇生，有时1～5枚簇生，扁平，条形，长1～3厘米，先端锐尖。茎上的鳞片状叶基部具有长3～5毫米的硬刺，分枝上的叶无刺。总状花序单生或对生，通常具十几朵花。苞片近线形，长2～5毫米。花白色，被片6枚，长圆状卵形，长约2毫米。雄蕊6枚具短的花药，花柄长约4毫米。花期6～8月。浆果球形，成熟时红色，具1～2枚种子，果成熟期8～10月。

同属种尚有卵叶天冬草 (*A. asparagoides*)，多年生草质藤本，具块根。茎细长多分枝。叶退化成鳞片状，叶状枝卵形，长约2.5厘米，先端尖，质硬，有光泽。花小绿白色，1～2朵簇生，花期7～9月。浆果果柄细长，成熟时暗紫色。还有矮生种及斑叶种。

3. 怎样认识芦笋？

答：芦笋 (*Asparagus officinalis*) 又称石刁柏，为百合科天门冬属多年生宿根草本，株高可达1米。根系强健丰富，肉质，白色或黄白色。多分枝，丛生性，茎平滑直立，后期常俯垂，分枝多而柔弱。叶状枝3～6枚簇生，近扁圆柱形，略有钝棱，常有弧曲，长5～30毫米。鳞片状叶基具刺状短距或近无距。花1～4朵簇生于叶腋，绿黄色，花柄长8～12毫米。花期6～8月。浆果成熟时红色，果期8～9月。

4. 怎样区分龙须菜与攀援天门冬的形态？

答：龙须菜 (*Asparagus schoberioides*) 又称玉带天冬，为百合科天门冬属多年生宿根草本。茎直立高可达1米。根系长，肉质，白色或黄白色，直径约2～3毫米。茎上部及分枝具纵棱，分枝有时具极狭的翅，叶状枝常3～7枚簇生，窄条状或镰刀状，基部近锐三角形，鳞片状叶近披针形，基部无刺，雌雄异株。花2～4朵腋生，黄绿色，花期5～6月。果实7～9月成熟，成熟时红色。

同属近似种攀援天门冬 (*A. brachyphyllus*)，多年生宿根草本，具肉质近圆柱状块根，直径7～15毫米，白色至黄白色。茎近平滑，长20～100厘米，分枝具纵凸纹，具软骨质齿。叶状枝4～10枚成簇，近扁圆柱型，鳞片叶基部具长1～2毫米的刺状短距。花2～4朵腋生，淡紫褐色，花期5～6月。浆果成熟时红色，成熟期8～9月。

5. 类似龙须菜有观赏价值的还有哪些种？

答：尚有兴安天门冬 (*A. dauricus*)，多年生宿根草本，茎直立，株高30～70厘米。茎和分枝有纵纹，有时幼枝具软骨质齿，叶状枝1～6枚簇生不等长，和分枝成锐角，稍扁圆柱型，有时具软骨质齿，鳞片状叶基部无刺。花2朵腋生，黄绿色，花期5～7月。浆果球形，成熟时红色，常具种子2～4粒。

南玉带 (*A. oligoclonos*) 多年生宿根直立草本，根肉质，直径2～3毫米。株高40～80厘米，茎扁平坚挺，叶状枝6～12枚簇生，近扁圆柱状略具纵向钝棱，伸直或弧曲，鳞片状叶基部通常距不明显或有短距。花1～2朵腋生，黄绿色，花期5～7月。浆果直径8～10毫米，成熟期8月。

长花天门冬 (*A. longiflorus*) 多年生宿根草本，植株近直立，高20～170厘米。根白色或白黄色，直径约3毫米。茎中部以下平滑，上部多具纵凸纹并稍有骨质齿，分枝平展或斜生，叶状枝每4～12枚成簇近扁柱形，具软骨质齿，茎上的鳞片状叶基部具1～5毫米长的刺状距。花2朵腋生，淡紫色，花期5～7月。浆果成熟时红色，直径7～10毫米，内有种子10粒。

曲枝天门冬 (*A. trichopyllus*) 又称龙弯天门冬，多年生宿根草本，茎近直立，高60～100厘米。根白色或白黄色，直径2～3毫米肉质。茎平滑，中部至上部强烈回折，成龙弯状，有时上部疏生软骨质齿，分枝先下弯而后上升，靠近基部这一段形成强烈弧曲，上部回折状，叶状枝8～15枚簇生，刚毛状常稍伏贴于小枝上，鳞状叶成干膜质状，基部背面有刺。花2朵腋生，黄绿而带紫色，花期5～7月。浆果成熟时红色。

6. 怎样认识武竹这种观赏植物？

答：武竹 (*Asparagus meioclados*) 又称蓬莱松、蓬莱竹、松叶文竹、松叶武竹，为百合科天门冬属常绿草本花卉。茎直立。根系丰富，白色或黄白色或灰白色，直径约3毫米，多分枝，具小块根，直径可达1厘米。株高30～60厘米，基部木质化灰白色，叶鳞片状或针刺状，新叶鲜绿色，老叶则带有白粉状，叶状枝扁线形，长1～3厘米，宽1～2毫米，3～8枚成簇。花白色或带淡红色，花期7～8月，1～3朵簇生，具香气。浆果球形。

7. 怎样识别狐尾天冬草？

答：狐尾天冬草 (*Asparagus densiflorus* 'Myers') 又称为狐尾武竹，为百合科天门冬属多年生常绿草本花卉。根系丰富，根白色具小球根。茎直立，株高30～60厘米，丛生，基部木质化，枝条直立不下垂，比武竹更密，叶鲜绿色细针状而柔软。花白色。浆果球形。

8. 怎样认识假叶树？

答：假叶树 (*Ruscus aculeatus*) 又称铁叶梅，为百合科假叶树属常绿小灌木。茎丛生直立，株高20～80厘米。根黄褐色，坚硬，根状茎横走。叶状枝卵形，长1.5～3.5厘米，先端渐尖而成为长1～2毫米针刺，基部渐狭成短柄，常有扭转，全缘。花白色，1～2朵生于叶状枝上面中脉的下部，苞片干膜质，长约2毫米，花被片长1.5～3毫米，1～5月开花。浆果成熟时红色，直径1厘米左右，果实成熟期8～11月。

9. 怎样认识一叶兰？

答：一叶兰 (*Aspidistra elatior*) 又称蜘蛛抱蛋、一叶青、一叶万年青，为百合科蜘蛛抱蛋属多年生常绿草本观叶花卉。因花似蜘蛛而称蜘蛛抱蛋。根状茎粗壮横生，具节和鳞片，常贴近土面或近土面以下，黄色至灰褐色，根系密集，着生于横生根状茎上。叶单生于地下茎，长圆状披针形至近椭圆形，先端渐尖，基部楔形，叶缘波状，叶鞘3～4枚，生于叶的基部，具紫色细点。总花柄长0.5～2厘米，具1～2枚膜质鳞片，花基部具苞片2枚，花被钟状，长约12～18毫米，外面紫色，内面深紫色，上部具8深裂片，裂片近三角形，内侧具4条隆起，花期3～5月。有矮生蜘蛛抱蛋，又称小一叶兰。洒金蜘蛛抱蛋，又称星点蜘蛛抱蛋、洒金一叶兰。白纹蜘蛛抱蛋，又称嵌玉蜘蛛抱蛋、银纹一叶兰、斑条一叶兰。

10. 怎样识别玉黍万年青?

答：玉黍万年青 (*Rohdea japonica*) 又称万年青、红豆万年青、铁扁担、冬不凋等，为百合科万年青属多年生直立常绿草本花卉。根状茎短而粗壮，长1.5～2厘米，根肉质白色，粗壮，着生于短茎上。叶片3～6枚长圆形、披针形或倒披针形，先端急尖，基部稍狭，浓绿色，纵脉明显浮凸，花柄短于叶。穗状花序长3～4厘米，具十余朵花，花密集，苞片卵形，膜质，短于花，花被长4～5毫米，淡黄色，裂片厚，花期5～8月。浆果成熟时红色，成熟期9～11月。有金边变种，称金边万年青 (*Rohdea japonica* var. *marginata*)，边缘具黄色镶边。

11. 怎样识别吊兰与同属种的形态?

答：一些人习惯将垂吊栽培的观赏植物统称为吊兰，如鸭跖草、垂盆景天、露子花、斑叶小蔓常春花等。真正在植物学上被命名的吊兰 (*Chlorophytum comosum*)，又称狭叶吊兰、窄边吊兰等，为百合科吊兰属的多年生常绿草本。根肉质丰富，白色，直径3～10毫米，根状茎短而粗，根着生于中段至下端，有不定气生根。叶基部呈互生状簇生，绿色稍有光泽，长10～30厘米，宽约1～1.5厘米。花梗比叶长，常变为匍匐枝，而在近顶部形成叶簇或幼小植株。花白色3～4朵簇生，排成稀疏的总状花序，或圆锥花序，花柄长7～12毫米，花被片长7～10毫米，雄蕊稍短于花被片，花期5～6月。蒴果三棱状扁球形，成熟时裂开。有金边变种，称狭叶金边吊兰 (*C. comosum* var. *variegatum*)，叶片边缘具黄色条纹。

12. 怎样辨认南非吊兰?

答：南非吊兰 (*Chlorophytum capense*) 又称吊兰、宽叶吊兰、大叶吊兰，与上题介绍的吊兰主要区别是，吊兰叶片较窄、较厚而长，韧性较强，光泽度较好，匍匐性强，开张度大。南非吊兰为多年生常绿草本花卉，根白色或黄白色，丰富，粗壮，肉质，直径2～3毫米。根状茎短而肥厚。叶基生，长10～25厘米，宽1～2厘米。花梗直立后垂弯，变为匍匐枝，匍匐枝长可达40厘米。具多分枝的圆锥花序，花白色，花期5～7月。栽培变种有斑心吊兰 (*C. capense* var. *medio–pictum*)，有金心吊兰、银心吊兰之分，绿叶中心有纵条纹。金边吊兰 (*C. capense* var. *variegatum*) 又称黄边吊兰、镶边吊兰，叶的边缘具黄白色条纹。

13. 怎样辨别吉祥草？

答：吉祥草 (*Reineckea carnea*) 又称松寿兰、柏寿兰、小叶万年青、松寿万年青等。为百合科吉祥草属多年生常绿草本花卉。根白色、黄白色或带紫色，根系丰富肉质，有不定气生根。具匍匐根状茎。叶3～8枚，簇生于根状茎顶端，条形或披针形，直立或铺散，先端渐尖，向下渐狭，互生形抱茎。花梗短于叶，穗状花序，苞片卵状三角形，膜质，淡褐色或带紫色，花粉红色，芳香，花被片合生成短筒状，上部6裂，裂片开花时反卷，稍肉质，雄蕊6枚，短于花柱，子房瓶状。浆果球形，成熟时鲜红色。有银边吉祥草 (*R. carnea* var. *variegata*)，叶有白色条纹或边缘白色。

14. 怎样辨别细叶麦冬与阔叶麦冬？

答：细叶麦冬 (*Liriope spicata*) 又称不死草、爱韭、忍凌、禹韭、马韭、羊韭、忍冬、麦文、麦门、山麦冬、麦门冬、土麦冬、山麦草、麦冬草等。为百合科土麦冬属 (山麦冬属、麦冬属) 多年生常绿草本花卉。根稍粗，有分支根，近末端处常膨大成肉质根。根茎短，木质，具地下横走茎。叶长15～60厘米，宽2～8毫米，叶缘具细锯齿。花梗长于叶或与叶近等长，花梗长6～20厘米，花稍疏生，苞片披针形，干膜质，花梗其关节位于中部以上，花被片长圆形、长圆状披针形，淡紫色或淡蓝色。花期5～8月。果实近球形。果期8～10月，成熟时蓝黑色。

阔叶麦冬 (*Liriope platyphylla*) 又称书带草、鱼籽兰等。为百合科土麦冬属 (山麦冬属、麦冬属) 常绿草本花卉。根黄白色或白色，细长，分枝多而丰富，有时局部膨大成纺锤状的肉质根。根状茎木质，无地下走茎。叶基部丛生，长25～65厘米，宽8～35毫米。花梗常高于叶，长25～60厘米，花密生，苞片近刚毛状，花柄的关节位于中部以上，花被6枚，长圆状披针形或近长圆形，紫色或红紫色，花期7～8月。种子球形，成熟时蓝黑色。

15. 怎样识别沿阶草？

答：沿阶草 (*Ophiopogon japonicus*) 又称麦冬、阶前草。为百合科沿阶草属多年生常绿草本。根丰富较粗，常膨大成椭圆形或纺锤状小块根，即中药中的麦冬。地下匍匐茎细长。叶基生成簇，密生，长10～50厘米，宽1.2～3.5毫米，具3～5脉。花梗通常比叶短得多，总状花序长2～5厘米，具几朵至十几朵花，花单生或成对着生于苞片腋内，苞片披针形，花柄关节位于中部以上，被片6枚披针形，白色或淡紫色，花期6～8月。种子球形蓝色。

16. 怎样认识虎眼万年青这种花卉？

答：虎眼万年青 (*Ornithogalum caudatum*) 为百合科虎眼万年青属多年生常绿草本花卉。无主根，须根丰富，白色，肉质。鳞茎卵状球形，直径可达10厘米，具膜质外皮，外皮干膜质，鳞茎体鲜绿色。叶片5～6枚生于鳞茎先端，带状，长可达60厘米或更长，常下垂，先端尾状并常出现扭转，稍有光泽。花梗抽生于叶丛中心，圆柱状稍有弯曲，长可达150厘米，总状花序生于花梗先端，无限花序长可达60厘米，小花多数，苞片狭披针形，绿色，干枯，花被6瓣，长圆形，先端渐尖，白色，中间具一条宽绿纹。雄蕊6枚，稍短于花被片。花期2～4月。蒴果，成熟干黄色，裂开散落种子，种子黑色。

17. 怎样识别绵枣儿？

答：绵枣儿 (*Scilla scilloides*) 为百合科绵枣儿属多年生小球根花卉。鳞茎卵球形，外表皮黑褐色。基生叶2～3枚，狭带状线形。总状花序抽生于叶丛中心，具膜质苞片，花粉红至紫红色，花被片6裂，长圆形，先端具增厚的小钝头，雄蕊6枚，着生于花被片基部，稍短于花被片。蒴果三棱状倒卵形，种子黑色，长圆状狭倒卵形。本属约60种，分布于欧洲、亚洲、非洲的温带地区。原产于我国的仅此1种，北方有野生分布。栽培的尚有地金球，也称绵枣儿，又称地中海蓝钟花、海葱等。鳞茎大，直径6～7厘米。总状花序大，有小花50余朵，花蓝紫色，花期4～5月，且植株较矮，适合盆栽。

18. 怎样区分金丝马尾沿阶草及银丝马尾沿阶草？

答：金丝马尾沿阶草 (*Ophiopogon jaburaum* var. *aureus–vittatus*) 又称金线鱼籽兰、条纹沿阶草、斑纹沿阶草、假金线马尾、碧玉金丝沿阶草等。为百合科沿阶草属多年生常绿草本花卉。根白色或白黄色，较细，有分枝，近末端有时膨大成肉质根或形成纺锤状小块根，块根先端仍有须根发生，根状茎木质化。叶簇生于根状茎先端，线形条带状，长10～40厘米，宽约1厘米左右，先端渐尖，基部边缘膜质鞘状，叶片绿色，叶缘有纵长黄白条纹或黄色条纹，叶片中央有细纵黄白色条纹或黄色条纹。地下走茎横生，栽培多年的地下走茎匍匐于地表，走茎先端发生幼苗。总状花序通常低于叶长，花白色或淡紫色。果黑绿色，成熟时蓝黑色，种子圆形。

银丝马尾沿阶草 (*O. jaburaum* var. *argenteus–vittatus*) 形态与金丝马尾沿阶草基本相同，但叶片纵斑纹为白色。

19. 怎样识别斑纹麦冬草？

答：斑纹麦冬草 (*Liriope platyphylla* ‘Variegata’) 又称斑叶鱼籽兰、斑纹书带草、银线麦冬草等。为百合科山麦冬属 (又称土麦冬属、麦冬属) 多年生常绿草本花卉。根白色或黄白色，较粗壮，丰富，多分枝，密集，须根的中段或先端生有膨大的纺锤状块根。短茎木质化，多年生苗生有地下走茎，走茎先端生有幼苗。叶簇生于短茎先端，线状条带形，长30～50厘米，宽约1厘米，绿色，叶面具有纵长条黄白色斑纹，叶缘斑条较宽。总状花序高于叶片，花紫色或淡紫色。果实成熟时蓝黑色。

20. 怎样认识西非白纹草？

答：西非白纹草（*Chlorophytum bictii*）商品称白纹草，为百合科吊兰属宿根草本。根系丰富，白色肉质，具短而粗的地下块根。叶簇生密集，线状条形、披针形，长10～15厘米，宽1～2厘米，浓绿色镶有白边。花小，白色，生于直立的花轴上。

21. 怎样识别知母？

答：知母（*Anemarrhena asphodeloides*）又称儿草、连母、货母、水参、堤母、苦心、蚳母、地参等，为百合科知母属多年生宿根草本植物。根肉质，密集地着生于地下横生茎上，根状茎粗壮，被黄褐色纤维。叶基生条形，长30～50厘米，宽3～6毫米。花梗圆柱形，连同花序长50～100厘米或更长，苞片状退化叶从花梗下部向上部很稀疏地散生，下部的卵状三角形，先端的长狭尖，上部的逐渐变短。总状花序长20～40厘米，6朵花组成一簇，散生于花梗轴上，每簇花具1个被片，花淡紫红色。蒴果长卵形，具6纵棱。野生于东北、华北、陕西、甘肃干旱草地及沙地上。

22. 沙鱼掌是百合科植物吗？怎样辨认？

答：沙鱼掌（*Gasteria verrucosa*）又称白星龙、鲨鱼掌、鲨鱼兰等，为百合科脂麻掌属多年生常绿多肉花卉。根肉质白色、白黄色至褐色，老根坚硬。短茎藏于抱茎的叶片内，叶细长，2列着生，长可达30厘米，宽2.5～3厘米，厚肉质，初生时直立，以后斜生逐步变平展，先端上弯渐尖，叶面粗糙，两面密生隆起的白点。总状花序由先端叶腋抽生，长可达40厘米，花柄圆柱状光滑，花红色，先端黄色或绿色，栽培未见结实。

23. 元宝掌是百合科花卉吗？形态是什么样的？

答：元宝掌（*Gasteria gracilis*）为百合科脂麻掌属多年生多肉常绿草本花卉。株高通常30厘米，最高可达40厘米。根肉质，白色，疏生有分枝，老根坚硬。叶片2列，剑形厚肉质，长可达30厘米，宽2～4厘米，先端突尖，基部成互生状抱茎，叶深绿或白绿色，具暗白色较整齐的斑纹，新生叶直立，随生长变为斜生，偶见平卧。花梗由叶丛先端抽出，圆柱形，高可达40厘米，花梗上常生有小叶1枚，叶腋能生出小植株，总状花序，花钟状，红色，先端绿色或黄色。

24. 厚叶莲花掌的形态是什么样的？

答：厚叶莲花掌 (*Haworthia retusa*) 又称祚叶荷花。为百合科十二卷属常绿草本花卉。根肉质白色，直径1～1.5毫米左右，叶腋有气生根。茎被叶基包围，短而粗壮，基部叶腋常有分生幼株。叶片肉质肥厚，长卵状披针形，绿色，先端半透明，网纹状脉明显，先端渐尖或突尖，基部抱茎，四散排列，基部叶平伸，中部叶平伸或斜升，先端叶直立或微有斜升。花梗由叶腋抽出，细弱，直径约1～1.5毫米或更细，淡绿色花小，白至白绿色，盆栽未见结实。

25. 怎样识别水晶莲花掌？

答：水晶莲花掌 (*Haworthia obtusa* var. *dielsana*) 又称宝草、玻璃荷花掌、琉璃荷花掌，为百合科十二卷属多肉观赏花卉。根肉质白色。极短的茎包藏在叶片基部，短茎上长有分生幼株。株高不足8厘米。叶长圆状披针形，基部叶平伸，中部叶平伸后下弯，上部叶直立后下弯，四散生出，白绿色，先端因品种不同半透明部分有多有少，叶长3～6厘米，宽0.5～1厘米，厚肉质，先端渐尖，基部较宽。花梗由先端叶腋抽生，细柔，花小，栽培未见结实。

26. 怎样识别象脚掌这种稀奇的花卉？

答：象脚掌 (*Haworthia truncata*) 又称毛汉十二卷、截形十二卷、玉扇，为百合科十二卷属常绿多肉草本花卉。近无茎。株高5～10厘米，叶片两列，厚肉质，白绿色，先端截形，好似人为机械切断。栽培未见花果。

27. 怎样识别条纹十二卷?

答：条纹十二卷 (*Haworthia fasciata*) 又称十二卷。根白色、黄色或淡褐色，细，直径约1毫米，质硬。近无茎。叶簇生密集，叶长可达10厘米，呈长三角状，多肉质，硬，绿色叶面粗糙，叶背有白色突起，边缘也有，叶基部宽，向上渐狭，先端具硬尖，基部叶平伸，向上为斜升，新生叶直立。总状花序抽生于先端叶腋，花梗绿色，花小，栽培未见结实。

28. 怎样识别星点十二卷?

答：星点十二卷 (*Haworthia margaritifera*) 又有点纹十二卷、细点十二卷、松之霜之称。为百合科十二卷属多年生常绿多肉草本观叶花卉。根黄色、黄褐色，细而质硬。株高10厘米左右，茎短藏于叶片内。叶丛生，常有幼株发生，叶片三角状肉质，基部宽，向上渐狭渐尖，具硬尖，绿色叶背具密集的小白突起，叶缘具细齿，基部叶四散平伸，向上为斜升，新叶直立。总状花序抽生于先端叶腋，梗细弱，花小。栽培未见结实。

29. 怎样认识斑条纹十二卷?

答：斑条纹十二卷 (*Haworthia fasciata* var. *variegata*) 又有黄斑叶十二卷、雪重之松等名称。为百合科十二卷属常绿草本花卉。株高10厘米左右，短茎藏于叶片内。根黄色、褐黄色，细而质硬。叶簇生，常有幼苗由叶丛中生长挤出，叶厚肉质，基部宽向上渐狭，并具硬尖，呈长条三角形，叶绿色有黄白色斑块，或变为全黄白色，叶背具横向较整齐的白色突起，下部的叶片平伸，中部开始斜升，先端新叶直立。花梗抽生于叶丛先端，细弱，花小，栽培未见结实。

30. 怎样识别宝塔十二卷?

答：宝塔十二卷 (*Haworthia viscosa*) 又称龙城十二卷、三角十二卷等，为百合科十二卷属常绿草本花卉。株高10～15厘米。根白色、黄色或黄褐色，细而质硬。短茎藏于叶片中，叶腋常有子株挤出。叶暗深绿色，基部带有红色，三角形或卵状三角形，厚肉质，基部宽，向上渐狭，具硬尖，叶片基本斜升，叶背具有暗白色突起，质地粗糙。花梗抽生于叶丛先端，细弱，花小，容器栽培未见结实。

31. 怎样识别木锉掌?

答：木锉掌 (*Haworthia tessellata*) 又称蛇皮掌、龙鳞十二卷等，为百合科十二卷属常绿草本花卉。株型矮，不高于10厘米，基部常有子株挤出。叶白绿色似半透明，具有不规则白纹，卵状三角形，厚肉质，基部宽，向上渐狭，具硬尖及尖锐锯齿，基部叶平伸，四散展开，中部叶平伸或微下弯，螺旋状排列。花柄由叶丛中抽出，细弱，花小，容器栽培未见结实。

32. 怎样识别藜芦?

答：藜芦 (*Veratrum nigrum*) 又称丰芦、葱苒、葱葵、山葱、憨葱、鹿葱等，为百合科藜芦属多年生宿根草本植物。株高可达1米，茁壮。基部叶鞘枯死后残留为网眼状黑色纤维网。叶片圆形、宽卵状椭圆形、卵状披针形，基部叶无柄，生于茎上部的叶具柄。圆锥花序，密生黑紫色小花，侧生总状花序，近直立伸展，通常具雄花，先端总状花序常比侧生花序长2倍以上，几乎全部为两性花，总轴及各分枝轴密生白色绵毛。花期7～8月。蒴果，卵状三角形，成熟时3裂。

33. 怎样识别黄精的形态?

答：黄精 (*Polygonatum sibiricum*) 又有野生姜、黄鸡、山黄蜡、山姜、白豆子、垂珠 、龙衔重楼、救荒草、青黍、菟竹、戊已芝、米铺、黄芝、仙人余粮、鸡格、鹿竹等名。为百合科黄精属多年生宿根草本植物。根状茎圆柱形，横生，节部膨大，黄色。茎直立不分枝。叶轮生，无柄，通常4～6枚，稀见5、7轮生，叶为线状披针形。花2～4朵腋生，钟状，乳白色或淡黄色，花期5～6月。浆果，成熟时黑色。

34. 怎样综述铃兰的形态?

答：铃兰 (*Convallaria majalis*) 又有银铃花、吊钟花、半坡香等别名，为百合科草玉铃属（铃兰属）多年生宿根草本花卉。具横生根状茎。通常叶2枚，很少见有3枚，椭圆形或椭圆状披针形，长7～20厘米，宽3～8.5厘米，先端近急尖，基部楔形，叶柄长8～20厘米，呈互生鞘状包裹于地上茎上。花梗高15～30厘米，略外弯，总状花序偏向一侧，花约10枚，苞片膜质，短于花梗，花具芳香，下垂，白色，钟状，长0.5～0.7厘米，先端6浅裂。浆果球形，成熟时红色。

35. 怎样综述玉竹的形态?

答：玉竹 (*Polygonatum odoratum*) 为百合科黄精属多年生宿根草本花卉，又有葳蕤、白萎、女萎、地节、萎香、尾参、铃铛菜、地堂子等名称，其果仁在中药中称蒙生核。具有粗大的地下根状走茎。株高可达50厘米，通常30厘米左右。单叶互生，椭圆形至卵状矩圆形，长5～12厘米，先端具尖。花序腋生，具花1～3朵，露地栽培可达8朵，容器栽培也有5朵发生，总花梗长1～1.5厘米，花被白色或先端带有黄绿色，合生呈筒状，全长1.5～2厘米，裂片6枚，长约0.3厘米，雄蕊6枚，花丝着生于花被筒中部，近平滑至具乳头状突起，子房长0.3～0.4厘米，花柱长1～1.4厘米。浆果0.7～1厘米，成熟时黑蓝色。

36. 怎样综述万寿竹的形态?

答：万寿竹 (*Disporum cantoniense*) 为百合科万寿竹属常绿或宿根草本花卉。根状茎横走，质硬，有明显节。地上茎直立，株高50～150厘米，上部二歧分枝。叶纸质具短柄，卵状披针形或椭圆状披针形，长5～12厘米，先端渐尖，基部近圆形，有明显3～7条纵向主脉。伞形花序腋生或上部与叶对生，着花3～10朵，花紫色，钟状。浆果。分布于广东、广西、福建、台湾、安徽、湖南、湖北、陕西、四川、云南、贵州、西藏等地，北方多作盆栽温室越冬。习性同玉竹。

37. 怎样综述假万寿竹的形态?

答：假万寿竹 (*Disporum fuscopicta*) 为百合科万寿竹属宿根草本花卉。根状茎连珠状横生，直径3～10毫米。株高10～40厘米。单叶互生，厚纸质，卵状披针形或卵状椭圆形，长3～8厘米，宽3～4厘米，先端渐尖，基部近截形或略带心形，具短柄。花1～2朵生于叶腋，黄绿色具紫色斑点。浆果近球形，成熟时紫蓝色，内有种子2～4粒。分布于广东、福建、江西、湖南、四川、贵州、云南等地，北方多作盆栽温室越冬。习性、栽培方法同玉竹。

38. 怎样综述宝铎草的形态?

答：宝铎草 (*Disporum sessile*) 又称淡竹花，为百合科万寿竹属宿根花卉。根状茎横走，肉质，直径约5毫米。地上茎直立，上部具叉状斜上分枝，株高30～80厘米。单叶互生，纸质，椭圆形、卵形或矩圆形至披针形，长4～15厘米，先端渐尖，基部近圆形，脉上和边缘有乳头状突起。花钟状，黄色、淡黄色、白色、黄绿色等，1～5朵生于分枝先端。浆果椭圆形至球形，直径约1厘米，成熟时黑色。分布于辽宁、华北、陕西、长江流域、华南及云南。习性、栽培方法同玉竹。

二、习 性 篇

1. 栽培好文竹需要什么环境?

答：文竹原产南非，喜充足明亮光照，能耐半阴，不耐直晒，光照过强，叶状枝枯黄，长时间过于阴蔽、光照不足，枝条细弱，易生攀援枝，造成株冠凌乱不整齐，易倒伏。喜温暖不耐寒，在室温20～30℃之间长势健壮，15℃以下生长缓慢，12℃以下停止生长，能耐6℃低温，长时间6℃以下有可能受寒害。如白天在15℃以上或左右，晚间有5℃以上室温，只是停止生长，未见伤害。喜通风良好，阴棚下、树荫下夏季栽培苗相对比温室内栽培苗矮壮。喜肥，但施肥过多过勤易生攀援枝。喜湿润，不耐长时间干旱，不耐水湿，喜疏松肥沃沙壤土。

2. 栽培好天冬草需要什么环境?

答：天冬草原产南非，是布置盆栽花坛边缘的主要花材之一。喜直射光照，也能耐半阴，直晒下枝条较硬，花多果多，长时间光照不足，枝长软弱。喜温暖，耐高温，不耐寒，夏季露地容器栽培长势良好，冬季冷室不低于5℃能越冬。耐修剪。喜湿润，稍耐干旱，不耐涝。有2～3年生枝开花结果的习性。喜肥，喜疏松肥沃、排水良好的沙壤土，在普通沙壤或疏松园土中能良好生长，在贫瘠土、高密度土中长势不良。

3. 栽培芦笋需要什么环境？

答：芦笋又名石刁柏，芦笋指石刁柏的幼芽，既为观赏植物，又为蔬菜，原产于欧洲及亚洲。现多为人工栽培。喜直射光照，稍耐半阴，光照强长势强，产的芦笋也肥大，枝密、花多、果多、果大，光照不足，枝条细弱，产生的嫩芽不堪食用。喜湿润，能耐干旱。北方露地越冬。喜肥，喜通风良好，喜疏松肥沃、富含腐殖质的沙壤土。

4. 栽培龙须菜需要什么环境？

答：龙须菜目前有作观赏或蔬菜栽培。原产东北、华北、河南、山东、陕西、甘肃等地，北京郊区有野生，生于草坡林下。喜阳光直晒，稍耐半阴，在直晒光照下，植株健壮直立，光照不足，枝条瘦弱，易倒伏，且不易开花结实，同一植株，光照强的一面花多果多，向阴的一面则花稀果少。在光照充足、通风良好、土壤肥沃、湿润环境中，所产的幼芽脆嫩，干旱条件所产幼芽不能入蔬。北方露地越冬，喜疏松肥沃沙壤土。

5. 兴安天冬、南玉带、长花天冬、曲枝天冬、攀援天冬在什么环境中长势较好？

答：这些天冬分布于东北、华北、山东、河南、陕西、宁夏等地，为园林绿化布置及鲜切花、制作干花的良好花材。喜光照，耐直晒，稍耐阴。耐寒，北方可露地越冬。喜疏松肥沃沙壤土，在普通园土中能生长，在贫瘠土、高密度土中长势矮小。

6. 栽培好武竹需要哪种环境？

答：武竹原产南非纳塔尔。喜明亮充足的光照，不耐直晒，耐半阴。通风良好的半阴环境长势良好。直晒下易日灼。喜湿润，不耐干旱，不耐水涝。在20～30℃环境中长势较快，15℃以下停止生长，越冬室温最好不低于6℃，但能忍受短时3℃低温。喜疏松肥沃、富含腐殖质土壤，在贫瘠土、高密度土中长势极差。

7. 在什么环境中，狐尾天冬长势最好？

答：狐尾天冬又称狐尾武竹，是武竹的一个变种。喜半阴，畏直晒，北方多在温室栽培，喜高温高湿，夏季长势旺盛，15℃以下长势缓慢，12℃以下停止生长。秋冬之际保持盆土偏干，越冬室温最低不能低于8℃，能保持12℃以上为佳。喜疏松肥沃、富含腐殖质沙壤土。贫瘠土、高密度土需改良后应用。

8. 栽培假叶树需要什么样的环境？

答：假叶树原产欧洲，喜半阴，耐直晒，喜温暖不耐寒。夏季在室内外、阴棚下、树荫下均能良好生长，冬季室温不能低于5℃，长时间5℃也会受害。喜湿润，稍耐干旱。一旦受害，植株干枯，将不易挽救。喜疏松肥沃、排水良好土壤。

9. 栽培一叶兰要求什么环境？

答：一叶兰原产南方各地，适应性强。喜半阴，不耐直晒，直晒下易产生日灼，能较长时间在光照较弱的环境中良好生长。喜温暖，不耐寒，夏季生长旺盛，越冬室温最好不低于5℃。喜湿润，稍耐干旱。喜通风良好，通风不良易染虫害。喜疏松肥沃的普通园土。

10. 栽培玉黍万年青要求什么条件？

答：玉黍万年青原产我国江南山区溪涧边缘，林下草地。喜半阴，不耐直晒，喜温暖潮湿，不耐干旱，在16～26℃环境中生长较好，30℃未见停止生长，15℃以下停止生长，越冬室温应保持12℃以上，10℃以下有可能受寒害。花期应光照充足，室温应不低于20℃，室温过低不易结实。喜疏松肥沃、富含腐殖质的园土。

11. 怎样的环境才能使吊兰良好生长？

答：吊兰原产非洲南部，适应性强。喜半阴，能耐直晒，夏季半阴环境生长旺盛。喜湿润，也稍耐短时干旱。喜温暖，不耐寒，15℃以上长势良好，越冬室温不低于5℃。对土壤要求不严，一般园土能生长，但在人工栽培土中长势更好。

12. 南非吊兰、斑心吊兰、金边吊兰习性相同吗？

答：南非吊兰适应性强，喜半阴，原种能耐直晒。斑心吊兰、金边吊兰直晒下色彩不鲜明。在15～25℃潮湿环境中生长旺盛，在树荫下、阴棚下夏季自然气温高达33℃，未见停止生长。喜湿润，能耐干旱。喜通风良好，通风不良长势弱。在一般园土中能良好生长，但在人工配制的栽培土中长势更好。

13. 栽培好吉祥草要求什么环境？

答：吉祥草原产我国西南、华南、华中及华东各地。喜半阴，不耐直晒。喜湿润。夏季自然气温下能良好生长，能耐短时3℃低温，但越冬室温最好不低于5℃。对土壤要求不严，在普通园土中能良好生长，但在人工配制的土壤中长势更好。

14. 栽培好细叶麦冬需要什么环境？

答：细叶麦冬原产我国南方暖地，近似种很多，适应性强。喜半阴，能耐直晒。喜潮湿，能耐干旱。耐寒，其中有一种称丹麦草的，在-15℃的环境中，叶片虽然被冻，但仍为绿色，天暖后仍能恢复，夏季生长迅速。对土壤要求不严，在普通园土中能生长良好，但容器栽培多选用人工配制的栽培土。

15. 在什么环境下栽培宽叶麦冬生长最好？

答：宽叶麦冬喜半阴，也能耐直晒，干燥天气直晒下，叶片先端易干枯。喜温暖，能耐高温，北方地区夏季生长良好，容器栽培冬季移入温室或冷室，为常绿性，露地越冬地上部分干枯成宿根性，容器栽培苗冬季室温0℃以上，即可安全越冬。喜湿润，能耐干旱，不耐涝。对土壤要求不严，在普通园土中能正常生长。

16. 栽培好沿阶草需要哪种条件？

答：沿阶草喜半阴，喜湿热，稍耐不太强烈的直晒光照，光照过弱，不能良好生长及良好开花。在北方夏季长势健壮。容器栽培苗入秋后移入温室或冷室，保持室温在0℃以上，白天有良好光照，即能良好越冬。露地栽培苗地上部分枯死，成宿根性，翌春仍能萌发新芽，且较茁壮。对土壤要求不严，普通园土即能良好生长。

17. 在哪种环境下栽培虎眼万年青长势最好？

答：虎眼万年青喜半阴不耐直晒，在空气湿度较高的半阴环境中，带状叶片扭转伸长，飘垂至50厘米以上，直晒下叶片干枯。喜湿润，稍耐干旱。喜温暖，耐高温，不耐寒，在15～25℃环境中长势健壮。夏季自然气温34℃以上，在遮阴、空气湿度60%～70%环境下未见停止生长，且叶片晶莹翠绿垂于温室中。

18. 栽培好绵枣儿需要什么条件？

答：绵枣儿分布在华北、东北、四川、云南、广东、江西、江苏、浙江、台湾等地。喜阳光直晒，稍能耐半阴。喜湿润，能耐干旱，畏水涝。喜通风良好。在自然气温下生长旺盛。冬季露地宿冬。对土壤要求不严，在普通园土中能良好生长。地金球也称绵枣儿，原产地中海沿岸，鳞茎大，直径6～7厘米，喜冷凉，耐寒，喜湿润，能耐干旱。喜肥。花后球茎贮藏于10～16℃，贮藏室中越夏，秋季栽植。喜疏松肥沃、富含腐殖质的沙壤土。

19. 银斑纹沿阶草与金斑纹沿阶草习性相同吗？在什么环境中才能良好生长？

答：这两种植物喜半阴，稍耐阳光直晒，光照过强，不但叶片先端干枯，叶色斑纹也暗淡，甚至消失。夏季在自然气温下生长健壮。冬季容器栽培时冷室越冬。露地栽培苗变为宿根性，冬季地上部分干枯，翌春由地下发生新苗。宿根苗与常绿苗相比，宿根苗要健壮一些。喜湿润，也能稍耐干旱，不耐水湿，长时间土壤过湿会导致腐烂而死苗。喜疏松肥沃沙壤土。银斑纹沿阶草与金斑纹沿阶草均为沿阶草的变种，其习性基本相同，繁殖、栽培方法也基本相同。

20. 斑纹书带草在哪种环境中才能良好生长？

答：斑纹书带草喜半阴，稍耐直晒光照，光照过强，叶片先端干枯，斑纹也不鲜明，但花的颜色较好。喜湿润，稍耐干旱，土壤含水量不足，也会产生叶片先端干枯，叶色暗淡不鲜明，畏水涝。喜通风良好，通风不良会导致病虫害发生。喜疏松肥沃、富含腐殖质的沙壤土。

21. 栽培好西非白纹草应有什么环境？

答：西非白纹草通常称白纹草，原产非洲西部热带地区。喜温暖，不耐寒，夏季在遮光的温室内生长良好，室温高达33℃，未见伤害，室温低于15℃停止生长，15℃以下有可能受寒害。夏季高温季节勤喷水保湿，要求盆土湿润，空气湿度不低于60%，遮光50%～60%，冬季落叶后应保持室温12℃以上，如果室温能保持20℃甚至更高些，可保持不落叶不枯萎，落叶植株在室温20℃以上时，即能发芽恢复生长。

22. 知母在什么环境中才能良好生长？

答：知母原产我国东北、华北、陕西、甘肃等地。喜阳光直晒，能耐半阴，喜湿润，能耐干旱，自然气温下生长旺盛，北方可露地宿冬。喜疏松肥沃、排水良好、富含腐殖质的沙壤土。

23. 沙鱼掌在什么环境中生长最好？

答：沙鱼掌原产非洲南部，属沙生类多浆多肉植物，北方多在温室内栽培，夏季也可在室外栽培。喜充足明亮光照，不耐直晒，直晒下叶色灰暗，并常带有土褐色。喜湿润，耐干旱，但冬季需保持盆土偏干。生长适温20～30℃，但在夏季遮光、通风良好条件下，34℃高温未见伤害，冬季室温最好在10℃以上，能忍受短时5℃低温，但需在盆土干燥条件下。喜疏松肥沃、排水良好的沙壤土。

24. 元宝掌在什么环境中长势较好？

答：元宝掌原产非洲南部，属多浆多肉沙生类植物。喜半阴或充足明亮的光照，不耐直晒，直晒下易产生灼伤，光照不足，盆土过湿，通风不良，会产生烂根。耐干旱，夏季生长期间需充分浇水，冬季保持偏干，室温越低、光照越弱、通风越差，应浇水越少。炎热夏季在遮光及通风良好环境中未见停止生长，冬季室温不应低于10℃，能忍受短时5℃低温。高温缺水不能正常生长，低温水多根易腐烂，故夏季生长期间应充分浇水，冬季低温时期保持盆土偏干。喜疏松肥沃沙壤土，在普通园土中也能生长，在人工配制的土壤中生长更健壮。

25. 厚叶荷花掌在哪种环境中才能良好生长？

答：厚叶荷花掌又称祚叶荷花、厚叶莲花掌等，原产非洲南部，属沙生类多浆多肉植物。喜遮光50%左右的半阴通风良好环境。最适生长温度20～30℃，在高达34℃简易温室中有遮光设施，通风良好环境中未见停止生长或伤害，越冬室温最好不低于10℃，在土壤干燥、光照充足条件下能忍受5℃低温。对土壤要求不严，但在普通沙壤园土中生长良好，应用人工配制的栽培土长势更好。

26. 水晶荷花在哪种环境中生长良好？

答：水晶荷花原产非洲南部，属沙生类多浆多肉植物。喜半阴环境或光照充分明亮、通风良好的场地，不耐直晒，直晒下全株变为浅褐色，尖部干枯，光照过弱，室温过低，通风不良，盆土过湿，会导致烂根。喜温暖，不耐寒，夏季在正常室温下正常生长，冬季室温最好不低于12℃，能耐短时6℃低温。喜湿润，能耐干旱，畏雨淋或水湿，生长阶段保持盆土湿润，低温保持偏干。喜疏松肥沃沙壤土，在人工配制的土壤中长势更好。

27. 栽培好象脚掌需要什么环境？

答：象脚掌是一种很奇特的小盆花，好像人为将肉质近圆柱形叶拦腰切去一半，且留有伤痕，并两列排列整齐，横向两侧稍有斜升，先端截面略有参差，显得自然又奇异。原产非洲南部，为沙生类多浆多肉小盆花。喜半阴或充足的明亮光照，不耐直晒。耐干旱，不耐水湿，生长期也不宜浇水过多。在有遮光设施的简易温室中，夏季生长良好，冬季最好不低于12℃，能忍受8℃低温。光照不足，通风不良，室温过低会导致烂根，低温季节一旦烂根将无法挽回。喜疏松肥沃沙壤土，在高密度土、贫瘠土中生长欠佳。

28. 条纹十二卷、星点十二卷、黄斑纹十二卷、宝塔十二卷、木锉掌等习性相同吗？在什么环境中生长最好？

答：十二卷类大多原产非洲南部，属沙生类多浆多肉小型盆栽植物。形态虽然各异，习性大致相同。喜半阴或充足的明亮光照，不耐直晒，直晒下通体变成灰褐绿色，非常陈旧，且叶片先端干枯。光照不足，通风不良，室温过低，容易造成烂根。生长适温为20～30℃，夏季在简易温室，通风良好、有遮光设施条件下生长良好，高温天气也未见损害。生长季节要求土壤湿润、较高的空气湿度，低温季节保持偏干。喜疏松肥沃、富含腐殖质的沙壤土，在贫瘠土、高密度土中长势不良。

29. 栽培好藜芦要求什么环境？

答：藜芦分布于我国东北、华北、山东、河南、陕西、甘肃、湖北、四川、贵州等地山坡、林下或草丛中。喜直晒光照，耐半阴。喜湿润，也能耐干旱。北方露地宿冬。对土壤要求不严，在普通园土中能良好生长，能耐贫瘠，在贫瘠、高密度土中长势弱，株型矮小，叶片也狭窄。

30. 栽培好黄精需要什么环境？

答：黄精分布于我国东北、华北、河南、山东、安徽、浙江等地，生于林下、灌木丛或坡地。既是地被植物，又是常用中草药。喜阳光直晒，能耐半阴，半阴环境长势比直晒下更健壮。喜湿润，耐干旱，畏积水，即便地上部分受干旱干枯，遇雨地下部分仍能发芽，长出新株。适应性强，对土壤要求不严，在普通园土中能良好生长。

31. 栽培好铃兰需要什么环境？

答：铃兰分布于我国东北、华北和山东、河南、陕西、甘肃、宁夏、湖南、浙江等地，朝鲜、日本、欧洲、美洲也有，生于阴坡林下、沟边潮湿处。喜温暖、耐高温、耐寒，在我国北方露地越冬。喜半阴，不耐直晒，直晒下叶片枯焦，花朵不能正常开放，光照不足，不能开花。喜湿润，不甚耐干旱，畏水涝。喜疏松肥沃、富含腐殖质壤土，在贫瘠土、高密度土中长势不良。

32. 栽培好玉竹需要什么环境？

答：玉竹分布很广，在我国东北、华北、甘肃、青海、四川、湖北、河南、安徽、江苏、江西、湖南均有栽培，欧、亚温带地区均有分布，分布于阴坡潮湿的沟旁。喜温暖，能耐寒，北方露地越冬。喜半阴，不耐直晒，直晒下新茎新叶枯焦，不能正常开花，过于荫蔽，叶节变长，叶片变薄，且易倒伏。喜湿润，通风良好，不耐水涝，过于干旱植株矮小，叶片边缘枯焦，长时间土壤过湿或积水会导致烂根。喜疏松肥沃、富含腐殖质的壤土，在贫瘠土壤、高密度土壤中长势弱。

33. 万寿竹生长期间需要什么环境?

答:万寿竹分布于我国广东、广西、福建、台湾、安徽、湖南、湖北、陕西、四川、云南、贵州、西藏等地。喜温暖,耐寒性差,北方地区多容器栽培冷室越冬。喜半阴,不耐直晒,过于荫蔽,茎节变长,叶片变窄变薄,开花不良,直晒下叶片先端干枯。喜湿润,能耐短时干旱,不耐水涝,土壤长时间过湿会产生烂根。喜疏松肥沃、排水良好、富含腐殖质土壤。

34. 栽培好假万寿竹需要什么环境?

答：假万寿竹分布于我国广东、福建、江西、湖南、湖北、四川、贵州、云南等地。喜明亮光照，不耐直晒，耐半阴，过于荫蔽长势不良，光照过强茎叶枯焦。喜温暖，不耐寒，北方盆栽冷室越冬。喜湿润，耐干旱性差，畏水涝。喜疏松肥沃、富含腐殖质的土壤。

35. 栽培宝铎草需要什么环境?

答：宝铎草分布于辽宁、华北、陕西、长江流域、华南及云南等地。喜充足明亮光照，不耐直晒，耐半阴，过于荫蔽，茎节变长、变细，叶片变窄、变薄，且易因追光而弯曲。耐寒，北方地区能露地越冬。喜湿润，能耐短时干旱。喜疏松肥沃、富含腐殖质土壤。

三、繁殖篇

1. 文竹有几种繁殖方法？怎样操作？

答：繁殖文竹常见有播种及分株两种方法，以播种为主，很少应用分株。播种又分为容器播种或畦床播种。

(1) 播种季节：

温室条件当浆果变为黑色稍干皱时采收，用清水洗净杂物，阴干后即播，也可干藏，4～5月份播种。

(2) 播种容器选择：

可选用花盆、苗浅、浅木箱、苗盘（穴盘）、小营养钵等。应用容器应清洁干净，应用旧容器如盆壁有水垢，可用钢丝刷或锉刀刷刷除后，用清水洗净后再用。

(3) 播种土壤选择：

选用细沙土、沙壤土、蛭石中的1种；或细沙土、蛭石各50%；或细沙土、腐叶土或腐殖土各50%；或普通园土20%、细沙土30%、腐叶土或腐殖土50%，翻拌均匀，经充分晾晒后应用。

(4) 播种摆放场地准备：

将场地内杂草杂物清理出场外，并做妥善处理，切忌清理出一处，脏乱了另一处。平整好场地，并将地面夯实，喷洒一遍杀虫灭菌药剂，通常应用40%氧化乐果乳油1000倍液，加70%甲基托布津可湿性粉剂600倍液，喷洒宜仔细周到，如有线虫史或地下害虫较多，可撒施10%铁灭克颗粒剂或3%呋喃丹颗粒剂，每亩用量1.5～2千克，也可浇灌50%辛硫磷乳油或50%马拉硫磷乳油800～1000倍液杀除地下害虫。

(5) 耙平划方：

温室内清理平整后，铺一层建筑沙，盖塑料薄膜，并做成0.3%坡度，以防积水。规划出摆放方块，一般情况，东西靠墙边两侧预留30～40厘米宽操作通道，南侧棚面低矮，留20～30厘米空间，北侧最少应留1.3米宽操作运输通道。东西横排花盆宽度为90～120厘米，南北长按温室进深而定，假如进深为8米，应为8米–1.3米–0.3米=6.4米，即每方为6.4米×0.9米，方与方间留40～50厘米宽操作通道，操作通道以浇水用可挠性水管能自由迂回为准。

(6) 播种：

将备好的容器用塑料纱网或碎瓷片垫好底孔，填装播种土至留水口处，水口处土表至盆沿为1～1.5厘米，压实刮平。花盆、苗浅、浅木箱、苗盘按3厘米左右的株行距点播，每穴1粒，6×6～8×8（厘米）小营养钵每钵1粒进行点播。播种前先浸或浇或喷透水，以浸为最好，浸水土面沉降一致，不会有坑洼不平，浇水因水压不易掌握，易造成土面坑坑洼洼，需要用原土填平。水渗下后用手将种子压入土壤中，不覆土，覆盖玻璃保温保湿。土表见干时浸水补充水分，置准备好的方内。通常室温在24～26℃条件下，20天左右开始出苗，出苗不整齐，最晚出苗可达60天。小苗1～2分枝叶片平展后即可分栽，小营养钵苗、穴盘苗可延长至2～3个分枝时分栽。盆播、苗浅播或浅木箱播种苗，掘苗时的工具可选用2～3厘米宽的竹片，将一端削薄成铲状，也可用金属板自行制作，因苗小根系不大，掘苗分栽不难。浅木箱市场无现货供应，可自制或请木器加工厂、木桶加工商等制作，尺度以一人自如搬动为好，但习惯上多为长40～80厘米，宽20～40厘米，高8～10厘米，如为大量应用，也可适当加大加高。

(7) 畦播：

选用畦播时，应按方叠畦。畦埂可叠土也可砌砖，埂高20～30厘米，如用砖砌，埂可在平地夯实后干砌干码，宽30～40厘米。畦内垫10～15厘米厚播种土，耙平压实后灌水或喷水至透，水渗下后，即按3～5厘米株行距点播，将种子压入土壤内不再覆土，喷水或喷雾或覆塑料薄膜保湿。苗出土后，按长势逐棵掘苗移栽。

(8) 分株繁殖：

分株多在春季结合脱盆换土进行。脱盆后除去宿土，将无须根大根、腐朽根、病残根剪除，从自然能切离处按3～4苗1簇，用枝剪或芽接刀带根切离母体，伤口涂抹新烧制的草木灰、木炭粉或硫磺粉后用栽培土栽植，栽植后浇透水仍置原栽培处栽培。

2. 天冬草怎样用容器播种繁殖？

答：天冬草用容器播种繁殖方法如下。

(1) 播种季节：

多在温室内进行，3～4月，5～8月也可进行。果实多在8～10月成熟，当果实变为红色后稍有萎蔫时采收，采收后用清水将杂物洗净，洗净后阴干，在常温下干藏。为了出苗整齐，可于播种前用40℃温水浸种24小时，淋去水分后再播。

(2) 播种容器：

参照文竹播种。

(3) 播种土壤：

选用细沙土、沙壤土、蛭石中的1种；或沙土类、腐叶土各50%；或细沙土、蛭石各50%；或普通园土30%、细沙土30%、腐叶土40%，经充分晾晒后应用。

(4) 播种：

将备好的容器垫好底孔，填装播种土壤至留水口处，刮平压实浇透水，水渗下后将种子均匀撒于土表，覆土1厘米左右，置规划好的场地，喷水或喷雾补充水分，通常20～30天出苗，出苗整齐。小苗6～8厘米高时，按5～7株1簇分栽于口径10厘米花盆或营养钵中。

3. 天冬草怎样分株繁殖？

答：于春季结合换土或修剪时进行，可带老本茎叶或剪除茎叶实施，将丛生株脱盆，除去宿土，摘除部分块状根，用手直接按5～7株丛掰开另行栽植，即能成为独立的株丛。

4. 天冬草的块根能发芽长成新植株吗？

答：天冬草块根只是贮存养分、水分的组织，遇有贫瘠情况、干旱情况可补充植株的需要，以延长生命力，无生长点，一般情况不会发芽成新株。

5. 花友送给我的天冬草分株苗，只有普通须根，没有块状根能成活吗？

答：天冬草的须根是真正根系，摘除块状根对成活不会有大的影响，栽植后栽培一段时间仍会产生块根。

6. 龙须菜、芦笋、兴安天冬、曲枝天冬、攀援天冬、南玉带、长花天冬都可以播种繁殖吗？

答：这些植物都可以采用播种繁殖，与天冬草播种方法基本相同。具体操作有平畦播种，容器播种。多在春季播种，也可秋季采种后即播，但应用不广。

(1) 平畦播种：

于春季翻耕播种用土，并施入腐熟厩肥每亩2500～3500千克，翻耕深度不小于30厘米，应用腐熟禽类粪肥、颗粒粪肥、腐熟饼肥时为1500～2000千克。耙平压实后，再分成宽40厘米、长3～4米的小畦，畦纵向的一侧为浇水垄沟，沟宽应依据供水的远近、栽畦的多少而定，一般情况30～40厘米，深30～40厘米。畦埂宽25～30厘米，高20～30厘米，为水流顺畅，应做成0.3%～0.5%坡度。按行距30～40厘米掘穴，穴深3～5厘米，每穴内播种4～5粒，覆土2～3厘米，灌透水。小苗出土后生长至10～15厘米高时，间苗，每丛留苗1～2株。

秋播又称埋头播，于霜后播种，上冻前浇一次越冬水，翌春出苗。

(2) 容器播种：

很少用容器播种。工程反季施工，栽植地暂时腾不出栽培场地，准备容器栽培等，才选用容器播种。多选用口径10～14厘米小花盆，或10×10～14×14（厘米）营养钵。播种土最好选用普通园土40%、细沙土30%、腐叶土30%，经充分晾晒翻拌均匀后装盆。单独应用素沙土、沙壤园土，或普通园土与腐叶土各50%，经充分晾晒后也可。将备好的栽培容器底孔用塑料纱网或碎瓷片垫好，装填土壤至留水口处，浇透水，将种子用手压入土壤，每盆或钵3～4枚。置光照直晒下，每天浇水1次。小苗高10～15厘米时，每20天左右追肥1次。绿地栽培时，随时可脱盆或钵栽植。容器栽培时可脱盆带土球栽植于大号盆中。

7. 龙须菜、兴安天冬草、南玉带草、长花天冬草、曲枝天冬草、攀援天冬草、芦笋等，怎样分株繁殖及掘挖野生苗？

答：于春季新芽萌动前后，将丛生株（老蔸）掘苗，容器栽培苗脱盆，按2～3苗丛切离母体，伤口涂抹新烧制的草木灰、木炭粉或硫磺粉（化工商店有售）后栽植。掘挖野生丛生宿根苗或小苗，应将苗四周杂草及其砖石杂物清除，露出土面，用铁锹将苗或宿根掘出土外，除去大部分宿土，株丛大的可分株后栽植。

8. 怎样繁殖武竹？

答：武竹又称蓬莱松，是观赏价值较高的观叶植物。常见繁殖方法有播种及分株两种，长势均较慢。

(1) 播种季节：

种子成熟后去杂，用清水洗净，阴干，干藏，翌春3～4月于温室进行。

(2) 播种容器：

可选用花盆、苗浅、浅木箱、穴盘、小营养钵等。应用的播种容器应清洁干净，无污渍。浅木箱市场无现品供应，可以自制，繁殖数量不多时，采用尺寸为40×20×8～10（厘米），数量多时可适当增大，但以一人可随意搬动为准。

(3) 播种土壤：

细沙土、腐叶土各50%；或细沙土、蛭石各50%；或细沙土、腐叶土、蛭石各1/3，拌均匀后经充分晾晒，彻底干透后再应用。应用前先喷湿后装盆。

(4) 播种：

将备好的花盆垫好底孔，填装土壤至留水口处，铺平压实，浇透水点播。种子按2.5～3.5厘米间距压于土壤中，再次浇水。置整理好的温室内半阴处，覆盖玻璃，小苗多数出苗后，逐步掀除玻璃，加大通风量。选用喷水或浸水方法补充浇水，保持盆土湿润。出苗不整齐，迟出苗可达60天，苗高10厘米左右时掘苗分栽。

(5) 分株：

于春季结合换土，将宿土除去一部分，露出根系分枝处，用枝剪或切接刀在能分离处按3～4株一丛，带根切开，用栽培土栽植。

9. 武竹分株时能按单株切分吗？

答：武竹生长速度较慢，按单株带根切分能成活，但观赏价值不高，需栽培2～3年，甚至4～5年才有较整齐的丛株冠，观赏价值随之升高。

10. 狐尾天冬草怎样播种繁殖小苗？

答：狐尾天冬草单株枝叶密集呈圆柱形，好似狐尾而得名。果实成熟后稍出现皱褶时采收，去杂，用清水清洗干净，阴干，干藏，翌春3～4月播种。种子出苗先后不甚整齐。

(1) 播种土壤：

细沙土40%～50%，腐叶土40%～50%，再加入10%～20%普通园土，经充分晾晒后应用。也可应用纯细沙土，但出现长势稍慢后，可补充浇施肥料，以补营养元素不足。

(2) 播种容器：

种子量不多时可选用花盆、苗浅，种子数量较多时可选用苗浅、浅木箱、苗盘、穴盘等。容器需保持洁净无污垢。

(3) 播种：

将备好的花盆或其它播种容器底孔用塑料纱网或碎瓷片垫好，尽可能不用碎玻璃片，碎玻璃片边角尖锐，将来脱盆换土时不慎易划伤手部。然后填装土壤至留水口处，刮平压实后灌透水。按2.5～3厘米株行距用手将种子压入土壤，不覆土，覆盖玻璃保温保湿。置温室内半阴处。土表干后选用浸水或细孔喷头补充水分。小苗大部分出土后，逐步撤除玻璃，加大通风，增加喷水次数，保持盆土湿润。苗高6～8厘米掘苗分栽。

11. 狐尾天冬草怎样分株繁殖?

答：于春季脱盆除去宿土，用手按可分离处掰开，剪除无须根的老根、腐根、病残根，同时将枯枝剪除，伤残枝短截后，按1～3株进行栽植。栽植时先垫好盆孔，填土至盆高的1/2～2/3处刮平稍压实，将苗放于盆的中心位置，使根系四散散开，一手扶苗，一手用苗铲填土，随填土随四周压实，随将苗扶正，至留水口处刮平压实。置温室规划好的半阴场地，浇透水，并用原土将因浇水压力冲刷造成的坑洼填平。

12. 假叶树怎样播种繁殖小苗?

答：假叶树果实在秋冬之际成熟，成熟后有很高的观赏价值，奇特的叶状变态茎上，托着红艳艳的小珠子，新奇而美观，为优良的小盆花。用作播种的果实于春节后采收，除去外果皮及杂物，用清水洗出种子晒干或阴干即可播种。

(1) 播种容器的选择：

播种数量不多时可选用花盆、苗浅或营养钵，种子数量较多时，可选用浅木箱、穴盘或苗盘。容器要保持清洁干净。

(2) 播种土壤：

可单独使用细沙土、普通沙壤园土或蛭石。混合土壤：细沙土或沙壤土40%，腐叶土60%；园土20%、细沙土30%、腐叶土50%；细沙土、蛭石各50%。所用土壤或基质均须充分晾晒或高温消毒灭菌。

(3)播种：

将备好的容器垫好底孔后，将土填至留水口处，浸或喷透水，水渗下后即行点播。按2.5～3厘米间距将种子压入土壤或基质中，不再覆土，覆盖玻璃或喷雾保湿，20天左右即可出苗。出苗先后不整齐，个别苗可延至60天才出苗。小苗大部分出土后，逐步减少喷雾量及次数，或逐步掀除玻璃。小苗8～10厘米高时掘苗分栽。

13. 假叶树怎样分株繁殖？

答：于春夏间脱盆除去宿土，将丛生株由可分离处按3～4株丛用枝剪剪离母体，另行用栽培土栽植。置温室半阴处，浇透水，并喷水冲洗分株时沾上的泥污。缓苗后逐步移至光照充足场地栽培。

14. 一叶兰、洒金一叶兰、嵌玉一叶兰繁殖方法相同吗？

答：洒金一叶兰、嵌玉一叶兰均为一叶兰变种，习性基本相同，繁殖方法也一样。繁殖多采用分株，很少选用播种。

(1) 分株用容器：

习惯上选用14～16厘米口径高筒花盆，盆应清洁干净，瓦盆、红泥盆最好，其它材质盆也能适应。如选用单株繁殖时，可选用自制的浅木箱，为加快生长速度，多产生分蘖，最好将尺度放宽放高一些，常用尺度为宽25～30厘米，长50～60厘米，高18～20厘米，底预留缝隙或穿底孔，长向的两侧外边安装提环。木板厚度在2厘米左右。在浅木箱中栽培1～3年再掘苗上盆，可提前出圃。

(2) 分株用土壤：

选用普通园土、细沙土、腐叶土或腐殖土各1/3，另加腐熟厩肥8%～10%，应用腐熟禽类粪肥、腐熟饼肥等为5%～6%，拌均匀后经充分晾晒即可栽植。

(3) 分株：

于春夏间结合脱盆换土，将丛生株脱盆后除去宿土，按3～5叶丛由母体分离出来，另行栽培。栽植时最好拉开间距，以利生长。

(4) 播种繁殖：

参照假叶树。

15. 玉黍万年青与银边万年青繁殖方法相同吗？

答：玉黍万年青也称玉蜀万年青，原产我国南方暖地。银边万年青与玉黍万年青繁殖方法相同。分株繁殖性状基本稳定，播种苗性状不稳定，银边种常有返为原种的全绿色苗，这种苗白边消失。在丛生株中也偶然有白边消失苗出现，应将其切分出来另行栽植，这种全绿苗长势健壮，多数不会返回白边种，它发生的侧芽也很少再出现白边。

(1) 分株用的容器：

依株丛大小，选用大小比例相协调的栽培容器。单株时选用14～16厘米口径高筒花盆。如果纯为繁殖，也可选用浅木箱，浅木箱体积较大，容土量多，养分、水分易调解，生长速度快，易分生侧芽，成型快，栽培2～3年即可掘苗上盆出圃。盆栽苗则要3～4年出圃，相差1～2年时间。2～3株苗栽植时，应选用口径16～18厘米高筒花盆。花盆宜清洁无污垢。

(2) 分株用的土壤：

选用普通园土40%、细沙土30%、腐叶土30%，另加腐熟厩肥8%～10%，或腐熟禽类粪肥、腐熟饼肥、颗粒粪肥5%～6%，翻拌均匀，经充分晾晒或高温消毒灭菌后应用。

(3) 分栽上盆：

于春季至夏季，结合脱盆换土，脱盆后将宿土除去，露出根状茎，在可切离处按单株带根切离母体，另行栽植。

(4) 播种繁殖：

多选用花盆、苗浅、浅木箱、营养钵、穴盘、苗盘等容器，容器需清洁卫生，无污垢。播种土壤可选用细沙土、沙壤土、腐叶土或蛭石中的1种；也可应用细沙土、腐叶土或腐殖土各50%；或细沙土、蛭石各50%；还可用细沙土、腐叶土、蛭石各1/3。播种土最好无虫无菌，故需翻拌均匀，通过充分晾晒或高温消毒灭虫灭菌。将备好的容器垫好底孔，装填土壤或基质至留水口处，刮平压实浸透水，将种子用手按2.5～3厘米株行距压入土壤中，应用6×6～10×10（厘米）小营养钵，每钵1粒，不覆土，覆盖玻璃或喷水喷雾保湿。小苗大部分出土后，逐步掀除玻璃，或减少喷水量及次数。小苗2片真叶时掘苗分栽。

玉黍万年青生长最适室温为白天20～22℃，夜间10～13℃。在白天20～

26℃，夜间不低于12℃，光照充分明亮或有较弱的直射光照，并需通风良好，空气湿度50%～60%环境中才能良好结实。昆虫传粉率不高时，可行人工辅助授粉，环境不佳结实率不高。

16. 吊兰、南非吊兰、斑心吊兰、金边吊兰繁殖方法相同吗？有哪些繁殖方法？

答：吊兰类产地、习性基本相同，繁殖方法也无大的差异，成活也很容易。最常见的繁殖方法有分株繁殖，剪取匍匐茎先端小苗繁殖，极少用播种繁殖。

(1) 分株繁殖：

容器选择：吊兰适应性强，能适应各种材质的栽培容器。因肉质根肥大较长，最好选用盆底孔稍大一些的高筒花盆，并于应用前彻底清洗晒干。

选用土壤：对土壤要求不严，普通园土能良好生长，但在园土40%、细沙土或沙壤园土30%、腐叶土30%、另加腐熟厩肥10%～15%，应用颗粒粪肥、腐熟禽类粪肥、腐熟饼肥时为6%～8%，长势更健壮，花多而叶茂。目前有人应用废食用菌棒、园土、细沙土各1/3，效果也好。应用的土壤翻拌均匀后经充分晾晒，使之干透，杀虫灭菌后应用最为理想。

分株栽植：将丛生植株脱盆去宿土，呈裸根状态，用利刀按单株由基部可分离部位带根切离母体，伤口处涂抹新烧制的草木灰、木炭粉或硫磺粉，栽植于备好的花盆中，置半阴场地，浇透水，保持盆土湿润，很快即能生出新根，长出新叶。

(2) 匍匐茎先端小植株繁殖：

吊兰花梗由丛生叶叶腋抽生，先端有分枝，分枝仍有分枝，在分枝先端开花，开后会在先端生出小植株，每个先端的小植株株数不同，较强的枝簇生有3～5枚，较弱的枝发生1～2枚，初生时无根，生长一段时间即在基部长出粗壮的幼根，并有较多的叶片，这就是所说的匍匐茎先端小植株。由春至秋或在温室中全年均可繁殖，将匍匐茎先端小植株用枝剪或叶剪剪下，剪除多余的匍匐茎，如有干叶、黄叶一并剪除，无论已经生根或未生根，均可剪下后即行栽植于备好的花盆中。栽植时将花盆底孔垫好，填土至盆高的1/3，将苗的根系置于盆中，使根系铺散，然后四周填土，填土时随填土随扶正随压实，填至留水口处刮平压实，水口从土面至盆沿1～1.5厘米，置半阴场地浇透水，保持盆土湿润，很快即能恢复生长。

(3) 播种繁殖：

因分株、匍匐枝先端小植株繁殖容易，加之容易栽培，但结实量较少，多不采用播种繁殖。如欲选育新品种或观察试验，可选用播种。播种容器可选用花盆、苗浅或浅木箱。播种土壤选用细沙土或细沙土、腐叶土各50%，后者出苗较容易，且长势迅速。播种期多在3～5月，温室内全年可行。通常选用湿播，即填装好盆土浇水后，将种子撒播于土表，称湿播。先播种覆土后浇水称为干播。两者出苗率及出苗时间基本一致，没有大的区别。播后覆土1～1.5厘米或不覆土，覆盖玻璃，浸透水后用细孔喷头喷透水，置半阴场地，在24～26℃环境中15天左右即可出苗。出苗后仍需浸水或喷水保湿，小苗大部分出土后，逐步减少浸或喷水量，5～6片叶时分栽。种子数量多，也可选用浅木箱、苗盘、穴盘等容器播种。

17. 吉祥草怎样繁殖？

答：吉祥草形态规整中不失潇洒，小花艳而不失淡雅，为良好的小盆栽花卉。繁殖多选用分株，很少选用播种。

(1) 分株用容器：

吉祥草株型低矮，具横生走茎。一般情况下选用10～16厘米口径花盆，花盆不分材质均能应用。

(2) 分株用土壤：

选用疏松通透无杂物的普通园土40%、细沙土30%、腐叶土30%，另加腐熟厩肥6%～8%，或腐熟禽类粪肥、颗粒粪肥、腐熟饼肥时为4%～6%。应用高密度材质花盆时，为普通园土20%、细沙土30%、腐叶土或腐殖土50%，另加入肥料量不变。翻拌均匀，充分晾晒后应用。土壤的百分比为参考值，普通园土含肥量较多时加肥量少些，沙土颗粒大时加肥量应多些。腐叶土多指无肥腐叶土，腐熟厩肥也应依据其含肥量多少而定，含肥量高少施，含杂物（草叶、沙土、土壤等）量多多施，总之，要做到土壤中不缺肥，也不含肥量过高，含肥量不足长势减弱，含肥量过高会造成肥害，特别是未充分腐熟的生肥，危害更大，不但危害吉祥草，对所有的栽培植物均能造成难以挽救的伤害。

(3) 分栽：

脱盆除去宿土，在地下或土面横生短茎处带根用利刀切断，用手将鳞茎绕在一起的根择开，这是单株切离的方法。如多株切分，可用苗铲或切刀将其带土球劈铡成若干块后栽植。

(4) 播种繁殖：

因分株容易，结实率又不高，生长速度又慢，通常很少采用种子繁殖。欲想用种子繁殖时，多选用花盆、浅木箱做容器。播种土选用细沙土、沙壤土，或细沙土、腐叶土各50%，经充分晾晒或高温消毒灭虫灭菌后应用。选用湿播，不覆土，覆盖玻璃，浸水或喷水补充土壤水分。置温室内半阴场地，在室温22～24℃环境中，20天左右即可出苗，小苗大部分出土后，逐步掀除覆盖物，增加喷水，使盆土保持偏湿，而后逐步改为湿润。4～6片真叶时分栽。

18. 容器栽培麦冬草、沿阶草类如何繁殖？

答：多选用分株繁殖，大量栽培时也用播种。分株繁殖性状稳定，斑叶种很少有返为全株变绿的现象。播种苗性状不甚稳定，斑叶种有可能变为全绿苗，也可能斑纹更鲜明更美观。在分株时，斑叶种如果发现有变为全绿的单株或丛株，应切离单独栽培，这种变绿的单株或株丛不是变异，而是返还原种，大多不能再出现斑叶，只能做原种栽培。

(1) 容器选择：

依据株丛大小及高低，选择口径14～20厘米花盆。麦冬草类适应性强，对花盆材质选择不严，但在高密度材质花盆中栽培，用土应考虑通透及排水更好。单株或小株丛繁殖，也可选用浅木箱栽植，待成丛后再掘苗分栽，但繁殖量不是太大。需要大量繁殖时，应选用畦地栽培苗。所用容器应保持洁净。

(2) 选用土壤：

选用园土30%、细沙土40%、腐叶土或腐殖土30%，另加腐熟厩肥6%～

8%，应用腐熟禽类粪肥、腐熟饼肥或颗粒粪肥为4%～6%，翻拌均匀经充分晾晒至干后应用。如果土壤为沙壤园土时，应为60%，腐叶土40%，另加肥料不变，也可用于高密度材质栽培容器。

(3) 分株栽培：

将丛生株脱盆除去宿土，按3～5株丛用手掰开，并除去部分小块状根。大盆栽植1～2丛，应用浅木箱时可单株或2～3株丛，按10厘米株行距栽植。置半阴场地浇透水，保持土壤湿润，很快即会恢复生长。

19. 麦冬草、沿阶草在北方能露地播种吗？

答：麦冬草、沿阶草在北方一些园林绿地中用作常绿草坪或沿路边条植、片植点缀。目前多数从黄河以南地区购苗，北方露地平畦播种繁殖生长较慢，但抗性比引进苗强。

(1) 平整翻耕播种场地：

于春季化冻后，选好播种场地后进行平整，并做成0.3%～0.5%坡度，然后进行整体翻耕，深度不小于25厘米。规划出浇水垄沟、畦及畦埂的位置，习惯上畦长6～8米，宽1～1.5米，垄沟宽40～60厘米，沟深30～40厘米，沟底高于畦的平面。畦埂宽25～30厘米，踏实后高10～15厘米。畦内施入腐熟厩肥每亩2000～2500千克，应用腐熟禽类粪肥、颗粒粪肥或腐熟饼肥时为1000～1500千克，并均匀翻拌于25～30厘米深度内，耙平压实后灌一次透水，使肥料中未充分发酵腐熟的部分充分发酵腐熟。

(2) 播种：

在畦内用挠子纵向划一条2～3厘米宽、2～3厘米深的小沟，将种子撒在沟中，用原土回填。为确保出苗率，也可用腐叶土回填。沟与沟间15～20厘米左右。应用播种器时，可按8～10厘米株行距点播。播后即行浇水，保持畦土偏湿。小苗大部分出土后，减少浇水量及次数，使土壤保持湿润。小苗大部分3～4片真叶时，每20天左右追肥1次。随时薅除杂草。雨季及时排水。

(3) 越冬：

幼苗期叶片脆嫩，最好覆盖草帘或无纺布越冬。覆盖前浇一遍越冬水，翌春化冻后掀除草帘等浇返青水。春至夏均可移植分栽。

20. 虎眼万年青怎样繁殖小苗？

答：虎眼万年青株型奇特，翠绿圆圆的鳞茎亮晶晶的如同老虎眼睛而得名，又有长长飘垂的绿色叶片，有如飞天仙女的飘带，还有更奇特的就是，在母体光滑的鳞茎皮层内，开膛破肚生出一个小娃娃，这就是我们所说的用子鳞茎又称子球繁殖的材料之一。这些子球由鳞茎基部至中部均可能发生几个或十几个，它们能在母体上长出新叶后脱落下来，生根扎根于土壤，有的不生叶即脱落，过一段时间即会发生新根、新叶成为独立的植株。

(1) 小子球繁殖容器：

实际上是分株繁殖或称分球繁殖。上述自行脱落生根成苗，虽然能成活，但有一部分脱落在盆外，另外也显得凌乱不整齐，最好还是当子球生长到一定程度时，选用扦插方法，既整齐美观，养护也容易。一般情况选用口径10～14厘米瓦盆，数量多时也可选用苗浅。

(2) 土壤选择：

虎眼万年青对土壤要求不严，可选用细沙土、建筑沙、沙壤土，或细沙土、腐叶土各50%，也可应用园土、细沙土、腐叶土各1/3，翻拌均匀，经充分晾晒至干后应用。

(3) 扦插：

将备好的花盆垫好底孔后，装填扦插土壤至留水口处，刮平压实浇透水，水渗下后趁湿将小鳞茎由母体上掰下（小鳞茎出现膜状外皮或已放叶时掰取为最好），按1～2厘米间距将小鳞茎压入土壤中，压入深度为小鳞茎的1/2～2/3，四周压实后，再次浸水或喷水。以后保持盆土湿润。出根时间不整齐，母体基部发生的子球先出根，中部发生的子球出根较晚，最早的十几天即能生根，最晚的需要半年才能生根，一般情况下，不论生根早晚，子球不会受损，总会有生根的那一天。2～3片叶时分栽。

(4) 播种繁殖：

子鳞茎繁殖容易，基本上无损失或损失率很小，加之结实率不高，一般情况下很少用种子繁殖。如想用种子繁殖，可选小花盆或苗浅。播种土选用细沙土，或细沙土70%、腐叶土30%，翻拌均匀经充分晾晒至干后装盆。选用撒播，覆土以不见种子为度，再覆盖玻璃，置温室内半阴场地。

保持盆土湿润，即能良好出苗。

21. 绵枣儿与地金球繁殖方法相同吗？怎样繁殖？

答：绵枣儿与地金球均为百合科绵枣儿属球根花卉，其习性相同，繁殖方法也相同。多选用分球繁殖，也可用播种繁殖。

(1) 分球繁殖：

花后收球时或秋季将露地栽培小球茎掘出，再将分生的子球用手掰下，另行栽植于备好的畦地中。

(2) 播种：

种子成熟后采收去杂、晒干。选用湿播，撒播于备好的畦地或容器中。

其它参考麦冬草繁殖。

22. 西非白纹草怎样分株繁殖？

答：西非白纹草分株繁殖方法如下。

(1) 容器选择：

容器口径大小应依据株丛大小而定，习惯上选用14～20厘米口径高筒花盆。花盆应清洁无污渍。

(2) 分株土壤：

选用普通园土30%、细沙土30%、腐叶土40%，另加腐熟厩肥8%左右，应用腐熟禽类粪肥、颗粒粪肥或腐熟饼肥为6%左右，翻拌均匀，经充分晾晒或高温灭虫灭菌后应用。

(3) 分株：

于春季室温18℃以上时，结合脱盆换土，按单株或2～3株丛切离母体，另行栽植于盆中，置半阴场地养护。

23. 怎样繁殖知母？

答：知母适应性较强，只要在光照不太强的场地均能良好生长。繁殖可选用分株、播种，应用量不大也可野外掘取。可容器繁殖，也可露地畦坛繁殖。分株应在春季新芽刚刚萌动时进行。播种于春夏间进行。野外挖取时先将植株四周杂草拔除，然后掘取根状茎运回栽植，成活容易，养护不难。

24. 沙鱼掌、元宝掌等，有几种繁殖方法？

答：沙鱼掌属花卉为沙生类多肉多浆花卉。繁殖方法主要有分株、扦插两种方法。

(1) 扦插容器选择：

依据繁殖数量多少，可选用小花盆或苗浅。

(2) 土壤选择：

可选择细沙土、沙壤土，或沙土类、腐叶土各50%，也可选用沙土、蛭石各50%。经充分晾晒或高温消毒，灭虫灭菌后应用。

(3) 切插穗：

将腋生或花梗上、叶片处产生的不带根的小植株用利刀切下，伤口涂抹新烧制的草木灰、木炭粉或硫磺粉，防止伤流及有害菌类入侵，伤口稍干后，扦插于土壤中。每天少喷一点水，土面潮湿为度，10～15天后浇透水，即能良好生根。也可将老叶片插于土壤中，保持湿润，生根后在叶片基部会产生多个小植株，待大都2片叶时，脱盆或掘苗，将小植株用手掰下栽植，即成为一个独立的小植株。

(4) 分株繁殖：

多选用口径10～12厘米小盆，选用扦插土加5%～6%腐熟厩肥。将基部生有小植株的母株脱盆，除去宿土，将小植株用利刀带根切下，栽植于备好的小盆中，置半阴场地，3～4天后再浇水，很快会恢复生长。

25. 厚叶莲花掌、水晶荷花、象脚掌怎样繁殖小苗？

答：厚叶莲花掌等均为多浆多肉小盆或微型盆栽花卉。因盆栽不能良好结实，多选用分株或扦插繁殖。

(1) 容器选择：

依据繁殖数量多少，可选用花盆、苗浅或浅木箱，最常用的为口径8～10厘米小盆。容器必须洁净无污渍，并清洗后晾干再用。

(2) 土壤选择：

可选用沙土类，如细沙、建筑沙、细沙土、沙壤土等，也可选用沙土类40%～60%、蛭石60%～40%，或细沙土、腐叶土各50%。土壤必须经过充分晾晒或高温消毒，灭虫灭菌后才能应用。

(3) 分株操作：

于春至夏季，将基部生有小植株的母体连同小植株一同脱盆，除去宿土，用利刀将其由叶腋内带根或不带根同时剔出，伤口涂抹新烧制的草木灰、木炭粉或硫磺粉，置阴凉处，伤口稍干后栽植。栽植时先将准备好的花盆垫好底孔，装填土壤至留水口处，刮平压实。因分株苗根系不会很大很多，可用小木棒或手指掘一小穴，将小苗根放入穴中，四周压实，置通风良好、半阴场地3～5天后，少量浇水，土面见湿为度。1周后正常浇水，很快能恢复生长。

(4) 扦插操作：

于春夏间发生在基部叶腋或中部叶腋不带根的小植株，用利刀将其由基部切或剔下来，伤口涂蘸新烧制的草木灰、木炭粉或硫磺粉，扦插于备好的土壤中，置半阴场地，2～3天后喷水至土面见湿，不宜多喷，盆土过湿容易产生腐烂，4～5天后加大喷水量，很快即能生根。

26. 十二卷类怎样繁殖？

答：十二卷类在容器栽培中很少或不能良好结实，通常采用切分基部叶腋或中部叶腋发生的小植株（侧芽）进行分株或扦插繁殖。

(1) 容器选择：

多选择瓦盆、苗浅、浅木箱，最常见的为8～10厘米口径的小瓦盆，即俗称牛眼盆及三号筒盆。花盆必须清洁干净。

(2) 土壤选择：

可选用沙土类或细沙土、腐叶土各50%，或蛭石、腐叶土各50%，翻拌均匀，经充分晾晒，或高温消毒或灭菌灭虫后应用。

(3) 分株操作：

将小植株带根切下后，伤口涂抹新烧制的草木灰、木炭粉、硫磺粉等，后将其栽植于备好的小盆中，或集中栽植于较大口径花盆、苗浅或浅木箱中，生根后再移栽至小盆中。栽培土壤最好在原扦插或分株土壤基础上加8%～10%腐熟厩肥，或5%～6%腐熟禽类粪肥、腐熟饼肥、颗粒粪肥等。栽好后放置于半阴场地（遮去自然光30%～50%），2～3天后，喷水至土表见湿，5天以后逐步加湿，很快恢复生长。

(4) 扦插操作：

将不能带根或未生根的小植株，用利刀切下，或剔下后伤口涂抹新烧制的草木灰等，置通风半阴场地，待伤口干燥后，扦插于备好的土壤中。每日喷水，至盆内土表见湿，1周后加大喷水量，很快即会生根，生根后即可移栽。

27. 怎样繁殖藜芦？

答：最常见的繁殖方法为播种，应用量不大可选用容器播种。应用量大可畦地播种，也可野外掘苗引种。

(1) 容器播种：

播种容器的选择：选用花盆、苗浅或浅木箱。

播种土壤：细沙土60%～70%、腐叶土40%～30%翻拌均匀，充分晾晒后应用。

播种：容器内装好土后浇透水，将种子撒播于土表，覆土约1厘米左右，浸或用细孔喷嘴补充土壤中水分。在4～5月份，播种15～20天即可出苗，出苗不整齐，出苗率也不是很高，撒播时应稍密一些。小苗2片真叶时分栽，可分栽于花盆内，也可分栽于畦地。

(2) 畦地播种：

平整播种场地：于春季或冻土前，选背风向阳、排水良好的沙壤土地进行平整，将场地及四周杂草杂物清理出场外。平整后即行翻耕，翻耕前施入腐熟厩肥，每亩2000～2500千克，翻耕深度不小于25厘米。整体耙平后做成0.3%～0.5%的坡度，规划出垄沟及畦的位置。畦的大小尺度应按地形安排，习惯上长4～6米，宽1.2～1.5米，畦埂踏实后高10～20厘米，宽25～30厘米。做完畦埂后，畦内再次耙平，浇一次透水，水渗下至半干时，用挠钩在畦内按40～50厘米行距划一条深1～2厘米小沟。

播种：将种子均匀撒于沟内，原土回填，再次浇透水。秋播第二年春季出苗，春播10～15天即可出苗。出苗后保持畦土湿润。2～3片叶时或1片叶展开后即可分栽，或通过间苗留畦养护。

(3) 野外掘苗：

于春季先备好栽培容器及栽培土壤，或栽植地，然后再去掘苗。掘苗时先将四周杂草带根拔除，这是一项艰苦工作，因杂草根系较大，且多年生长，大多缠绕在一起，不费点力气是根除不了的。杂草清除后，用铁锹将四周土壤掘开，带土球将带芽宿根掘出，沙壤土也可不带土球，运回后即行栽植。栽植土壤为园土40%、细沙土30%、腐叶土30%，另加腐熟厩肥8%～10%，或腐熟禽类粪肥、腐熟饼肥或颗粒粪肥5%～6%，翻拌均匀，经充分晾晒后应用。栽植土球苗时，垫好底孔后垫一层栽培土，然后将土球置于盆中，苗必须在中心位置，土球可正可斜，四周填土压实，浇透水。浇水时会出现两种情况，一种为苗生长在密度较高的土壤中，另一种为生长在疏松的土壤中，前者浇水后水分不易渗入土球，虽然按时按次浇水，仍会干旱致死，这种情况应浸一次透水或暂时将盆下放接水盘，待根系深入栽培土后就不会有损失了；后者情况按常规浇水即可。畦栽苗按30～40厘米株行距栽植，栽植后及时浇足水，第二天仍需再浇1次，很快恢复生长。

28. 黄精有几种繁殖方法？

答：黄精除做观赏外，也是常用的中草药材或绿化小植被。盆栽高不盈尺，丛株四散着生，刚劲如竹而不失柔雅，也是花坛边缘、花境的良好花材。通常少量繁殖可分株、播种、野外掘取，用苗量大，多选用播种。

(1) 容器播种繁殖：

播种容器选择：可选用花盆、苗浅、浅木箱等，但需保证清洁。

播种土壤：选用细沙土或沙壤土、普通园土、腐叶土各1/3，翻拌均匀经充分晾晒后装盆。

播种操作：容器垫好底孔后，装填播种土至留水口处，压实刮平，浸透水，水渗下后将种子撒播于土表，覆土1～2厘米，浸水或喷水保湿，10～15天即可出苗。

(2) 露地平畦播种：

平整栽培用地：选光照不太强烈，通风、排水良好场地进行平整，并将场地内杂草杂物清理出场外。并做成0.3%～0.5%坡度。

翻耕叠畦：平整好后，进行整体翻耕，并施入腐熟厩肥每亩2000～2500千克，应用腐熟禽类粪肥、颗粒粪肥、腐熟饼肥时为每亩1000～1500千克，翻耕深度不小于20厘米，并做整体耙平。规划出播种位置，按规划叠畦。叠好后畦内再次耙平，浇透水，水渗下后按15～20厘米行距划沟，沟深2～3厘米。

播种：将种子条播于沟内，原土回填。浇透水后保持土壤湿润，即能良好出苗。

29. 铃兰怎样平畦播种繁殖?

答：露地平畦播种多用于繁殖量较大的情况下，通常需要遮荫，但出苗后长势好于容器播种。

(1) 整理播种畦地：

于春季化冻后，选通风、排水良好，土壤疏松肥沃场地进行平整，将场地内杂草杂物清理出场外，并妥善处理，切勿干净了这里脏乱了另一地方。确定位置后，定点放线并做好标记，按标记叠畦埂。一般情况畦宽1.2～1.5米，长4～6米，畦埂高度为踏实后15～20厘米，宽25～30厘米，以一人可横向自由地踏上两脚为准。畦内施入腐叶土每平方米4～5千克，均匀撒于土表，然后翻耕。翻耕深度20厘米左右，耙平压实，浇一遍透水，水渗下后，坑洼不平处用原土填平。

(2) 消毒灭菌：

播种前向畦内及四周喷洒一遍消毒灭菌剂，通常用40%氧化乐果乳油1000倍液或20%杀灭菊酯乳油4000倍液，加70%甲基托布津可湿性粉剂500倍液，或50%多菌灵可湿性粉剂600～800倍液。喷洒时使土面见湿。如果有线虫史或地下害虫较多时，应考虑浇灌50%辛硫磷乳油1000倍液，或50%马拉硫磷乳油1000倍液，或撒施10%铁灭克颗粒剂或3%呋喃丹颗粒剂杀除。

(3) 播种：

畦床平整消毒灭菌后，用播种专用工具挠子或用自制的工具直径5～6

毫米圆钢在畦内纵向划沟，沟深约1～2厘米，宽约1厘米，沟间距10～12厘米，将种子均匀撒于沟内，将土填平稍加压实。

(4) 浇水：

无论选用垄沟浇水还是管道浇水，均应在进水口处垫一块防冲草垫，让水通过草垫渗入畦内。种子出苗前应保持畦土潮湿，小苗出土后畦内土表不干不浇水。雨季及时排水。上冻前浇越冬水，化冻后浇返青水。

(5) 遮光：

铃兰喜阴湿，不耐涝，不耐直晒，直晒下叶片枯焦。应于小苗出土后即行遮光，遮去自然光50%～60%。畦地遮光方法为在畦的纵向畦埂上埋立柱，为操作方便柱高1.5～1.8米，柱间2～3米，用8号铅丝将柱与柱的顶部纵横间呈50×50厘米方格网状拉紧，其上覆盖遮阳网或竹帘、苇帘、荻帘等，达到遮光效果。遮阳网等要与铅丝架牢固固定在一起，以免风天被风刮掉。

(6) 追肥：

小苗2～3片叶时开始追稀薄液肥，每20天左右1次。追肥最好不用无机肥。直至入秋。

(7) 中耕除草：

在雨后、肥后或土壤表面板结时即行中耕，保持土壤通透。中耕同时结合除草。除中耕除草外，杂草种子在适湿适温条件下随时发生，应随发现随薅除。杂草根系大，宜小苗时薅除，一旦长大与铃兰根系缠绕在一起，只能剪除，费工又费力。

(8) 越冬：

铃兰耐寒也较耐旱，入秋叶片变黄后将地上部分剪除，浇一遍越冬水，即可安全越冬。翌春化冻后浇返青水，准备分栽。

(9) 分栽：

翌春化冻后，准备好栽培场地，掘苗分栽。掘挖地下茎时，用铁锨或锄头由畦的一侧将地下茎挖出土外，除去宿土，按单株或3株另行分栽。

30. 铃兰怎样用容器播种？

答：铃兰用容器播种方法如下。

(1) 容器的选择：

播种容器可选花盆、苗浅、小营养钵及浅木箱等。一般情况花盆多选用口径16厘米以上通透性好的瓦盆。浅木箱市场无现货供应，多数采取自己制作，尺度可依据播种数量而定，习惯上用高10～20厘米，长40～60厘米，宽20～30厘米，长向两侧安装提手或提环。苗浅是一种传统播种或扦插繁殖专用瓦盆，口径30～40厘米，高约10厘米。小营养钵为软塑料钵，是花卉繁殖、栽培专用器皿，经济耐用。

(2) 播种土壤：

容器播种要考虑出苗后养护一段时间，需选用疏松通透、含营养物质丰富，或便于追肥的基质作播种土壤。无论选用哪种土壤或基质，均需充分晾晒或高温消毒灭菌。

单独使用的土壤或基质：沙壤土、细沙土、腐叶土、蛭石等。

园土40%、细沙土60%，翻拌均匀后应用。

园土30%、细沙土30%、腐叶土40%，翻拌均匀后应用。

园土20%、细沙土30%、腐叶土30%、蛭石20%，翻拌均匀后应用。

(3) 播种：

于春季化冻后播种。应用的容器应洁净，应用旧容器需用清水清洗后应用，如容器壁有污渍可用钢丝刷、锉刀刷刷除后再清洗。将洁净的盆底孔用塑料纱网或碎瓷片垫好，然后填装土壤，随填装随压实，至留水口处，水口从盆沿至土面约2厘米，浇透水。水渗下后按2～3厘米×3～4厘米株行距点播，点播时将种子按压于土壤中，覆土2～3厘米，覆土应用腐叶土或细沙土则更好。置温室半阴处或阴棚下，养护适当，20天左右即可出苗。

(4) 摆放：

摆放场地可在温室内半阴处、阴棚下、树荫下、建筑物北侧，中午无直射光照处。盆播苗横排不大于6盆，苗浅不大于4盆，浅木箱为2箱，摆放要整齐，做到横成行、竖成线，以便于栽培养护。

(5) 浇水：

出苗前保持盆土偏湿，小苗出土后，土表见干时浇水。晴天、风天、干旱天气多浇，阴雨天气少浇。雨季及时排水。

(6) 追肥：

小苗2枚真叶即可脱盆分栽。如无条件分栽时，应开始追液肥，每20天左右1次，第一次追肥不宜太浓，以后逐步加浓，直至入秋。翌春分栽。

(7) 中耕除草：

雨后、肥后土表板结时浅中耕。在适温适湿环境中杂草随时可发生，应随发现随薅除。

(8) 越冬：

铃兰耐寒，容器播种苗越冬为防止冻坏容器，应于上冻前将地上部分剪除，将花盆内清理洁净，浇一次透水，移入冷室、地窖、阳畦、小弓子棚或壅土越冬。

(9) 分栽：

分栽可分为生长期分栽及休眠期分栽。生长期分栽时间多在小苗2～3片真叶时脱盆分栽。休眠期分栽多在翌春新芽发生时分栽。如果往畦地分栽，通常单株栽植，容器栽培多2～3株组合。

31. 铃兰怎样分株繁殖?

答：于春季化冻后，畦栽苗掘苗，容器栽培苗脱盆，去宿土，露出新生芽基部，在根盘处按自然可分离部位使用利刀按1～3芽切离母体，伤口处涂抹新烧制的草木灰、木炭粉或硫磺粉，另行用栽培土栽植。

32. 怎样用平畦播种繁殖玉竹小苗?

答：在平畦上播种繁殖玉竹方法如下。

(1) 平整翻耕播种场地：

选通风、排水良好，有遮光条件，土壤疏松肥沃的场地，将场地内杂草杂物清理出场外，并做妥善处理。清理后定点放线，确定畦的大小及位置，并做好标记，按标记叠垄耖沟或叠畦埂。通常畦宽1.2～1.5米，长4～6米，畦埂及垄沟埂踏实耙平的高度为15～25厘米，宽25～30厘米。叠好畦埂及垄沟埂后，在畦内按每平方米3～5千克施入腐叶土，并将15～25厘米深度内翻耕均匀，喷洒一遍杀虫灭菌剂。整体耙平后浇一次透水，水渗下后将坑洼不平处用原土填平，准备播种。

(2) 播种：

水渗下后，用播种挠子纵向划沟，沟深1.5～2厘米，宽1.5厘米左右，将种子均匀撒于沟内，用原土填平稍加压实，通常20天左右即可发芽出土。通常留床一年，翌春分栽。

其它养护参照铃兰平畦播种管理。

33. 怎样应用容器播种繁殖玉竹小苗？

答：用容器播种繁殖玉竹方法如下。

(1) 播种容器选择：

常见玉竹播种器皿有花盆、苗浅、浅木箱等，应用的器皿应确保清洁干净，容器壁孔隙通透。容器口径不宜太小，也不宜太大，小则水分不好保存，大则笨重不好移动，故选择口径在16～30厘米。浅木箱尺度按铃兰播种繁殖的制作。

(2) 播种基质或土壤：

单独应用常见有沙壤土、细沙土、腐叶土、蛭石等。

细沙土或沙壤土60%、腐叶土或腐殖土40%，翻拌均匀后应用。

细沙土30%、普通园土30%、腐叶土40%，翻拌均匀后应用。

所有土壤必须经充分晾晒或高温消毒灭菌后才能应用。

(3) 播种：

将备好的容器垫好底孔，填装好土壤或基质，刮平压实，将种子点播于土表稍加下压，使种子进入土壤中，再覆土1～2厘米，浇透水置温室半阴处、阴棚下、树荫下或建筑物北侧通风荫凉处，保持盆土湿润。20天左右即可出芽，小苗2～3片真叶或翌春新芽萌动前分栽。

34. 家住楼房六层，除南面、东面有阳台外，北面尚有10平方米平台，怎样利用这种环境播种铃兰？

答：铃兰较耐阴，在阳台、平台对铃兰播种没什么区别，在阳台上栽培铃兰数量不会太多，尽可能选用瓦盆为播种容器，盆口径的大小可以有哪种就用哪种，不必苛求。盆土选用园土30%、细沙土30%、腐叶土或腐殖土40%，拌均匀后经充分晾晒或高温消毒灭菌后装盆，装填压实，刮平浇透水后再次找平后即行点播，覆土2～3厘米，置阳台或平台光照充足而不直晒场地。盆下垫一个接水盘，小苗出土前保持盘内有水不干，小苗2～3片真叶时改为土表不干不浇水。此时也可脱盆分栽，也可留于播种盆内，到秋季叶片枯萎后，将地上部分剪除，用塑料泡沫箱保护越冬，翌春分栽。在生长期间每隔20天左右追液肥1次，并随时松土除草，播种苗栽培2～3年可开花。开花期需有充足光照，最好移至南向阳台栽培。

35. 住三层楼，在阳台上能播种繁殖玉竹吗？

答：在楼房的阳台上播种玉竹，最好选择通风良好的北向阳台或东向阳台，南向或西向阳台需选择光照明亮而不直晒、通风良好处。选用瓦盆或浅木箱。播种土选用普通园土30%、细沙土30%、腐叶土或腐殖土40%，经充分晾晒或高温消毒灭菌后装填入备好的花盆或浅木箱，浇透水即行点播，覆土2～3厘米，置通风良好半阴处，盆下垫接水盘或沙箱，保持盆土湿润，盘内有水，沙子潮湿。20天左右即可出苗，出苗不甚整齐，迟出苗需要35～40天。出苗后浇水应在早晨或傍晚，避开炎热的中午。小苗2～3片真叶时即可脱盆分栽，但习惯上留盆养护，此时开始追稀薄液肥，以后每20天左右1次。随时除杂草，秋季霜后叶片变黄后，剪除地上部分，用泡沫塑料箱保护越冬。

36. 阳台上栽培的铃兰在盆中挤得满满的，怎样分盆啊？

答：于春季新芽萌动时脱盆，除去宿土，使其处于裸根状态，按自然能分离的地方用利刀将其按1～3芽切离母体，伤口涂抹新烧制的草木灰、木炭粉或硫磺粉，防止伤流及有害菌类在伤口处侵入体内。用栽培土栽植于备好的盆内，浇透水，正常养护即可。

37. 家庭条件用旧盆土播种玉竹可以吗？

答：养花的旧盆土种类相当复杂，且很可能密度较高，经充分晾晒后虽然能用于播种，养护适当也能出苗，但苗的长势弱，地下茎不易膨大，且不好分栽。故建议还是按习性配制播种土。

38. 铃兰的种子何时采收？如何贮藏？

答：7～8月铃兰浆果由绿色变为红色时，即可采收，用清水洗去杂物，阴干后种子干藏，或采后即播，在土壤中越冬，翌春出苗。

39. 玉竹的种子何时采收？如何贮藏？

答：7～8月玉竹的果实由绿转为蓝黑色萎蔫时采收，去杂后干藏或采后即播。

40. 铃兰种子贮存在塑料瓶中为什么会发酵？

答：种子贮存在塑料瓶中发酵的原因只有一个，即为果实采收后需要脱粒去杂，晒干后才能贮藏。在晒干的过程中，只是外表皮好似干了，实际尚未干，尚未干的种子放入瓶中后，瓶又不通风透气，一些菌类在这个合适的条件下开始繁殖生长，造成霉变。在贮藏前将种子充分洗净晒干，再装入瓶中，就不会有这种情况发生了。

41. 怎样繁殖万寿竹小苗？

答：繁殖万寿竹可采用播种、分株，也可野外掘取。

(1) 播种：

播种容器可选用瓦盆、苗浅、浅木箱或小营养钵。土壤选用沙壤园土、细沙土、腐叶土，或普通园土、腐叶土或腐殖土各50%，或细沙土、蛭石各50%。应用的容器、土壤须经充分暴晒或高温消毒灭菌后装盆。装盆时先将容器底孔用塑料纱网垫好，然后填装土壤或其它基质，填至留水口处，刮平压实、浇透水，将种子点播或撒播于土表，覆土1～2厘米。播后浸水或用细孔喷壶喷水，湿透后覆盖玻璃保湿，置半阴处，在室温24～

26℃环境中，20天左右小苗出土。小苗大多数出土后，掀除覆盖的玻璃，加强通风，并逐步移至光照充足场地。如能早晨及傍晚有直射光则更好。小苗2～3片真叶时脱盆分栽。选用畦播时，最好更换播种土壤，以便于分栽。其它养护管理同玉竹。

(2) 分株：

春季出房后，脱盆除去宿土，于自然可分离处，用利刀切离，用栽培土栽植。

(3) 野外掘取：

与当地绿化管理部门联系，取得同意后，于春季新芽萌动前掘取野生苗栽培。野外掘取只能作引种栽培，不能大量掘挖，造成种源破坏。最好的引种方法应为采种子繁殖。

42. 怎样繁殖假万寿竹？

答：与万寿竹繁殖方法相同，参照万寿竹繁殖实施。

43. 栽培的假万寿竹植株已经满盆，显得拥挤，应怎样脱盆分株？

答：于春季至夏季将其脱盆，除去宿土，由外向内在能切离的位置用利刀切离，另行栽植。栽植土壤选用栽培土，栽培容器应清理洁净。阳台环境应摆放在半阴处，盆下放一个接水盘，待新叶发生后，逐步移至光照明亮不直晒处。

44. 怎样繁殖宝铎草？

答：繁殖宝铎草可选用露地播种、分株等方法。

(1) 露地平畦播种：

平整场地、耖垄叠畦：选背风向阳场地，将场地内杂草杂物清理出场外。然后进行翻耕，翻耕深度不小于25厘米，土壤密度高或贫瘠时，应适当加入腐叶土或腐殖土，或按畦更换土壤。翻耕时土壤中的大块应行粉碎，杂物过多时应过筛。并整体耙平。按规划叠畦、耖埂。叠好畦后浇透水。

播种：水渗下后，将坑洼不平的地方用原土垫平后，按10～12厘米行距用挠子划沟，将种子撒入沟内后，覆土至不见种子。喷水保持畦土湿润。小苗大部分出土后，支架覆盖遮荫网，保持土表不干不浇水。习惯上留床栽培，翌春分栽。其它养护参照玉竹播种繁殖。

(2) 容器播种：

播种容器可选用花盆、苗浅、浅木箱或小营养钵等。土壤选用沙壤园土、细沙土、腐叶土，或细沙土、腐叶土各50%，或普通园土40%、沙壤土20%、腐叶土40%，拌均匀后经充分晾晒或高温消毒灭菌后装盆，浇透水。选用点播。置半阴场地，如树荫下、棚架下、建筑物北侧或温室后口通风良好处，喷水或浸水至透，覆盖玻璃。待小苗大部分出土后掀除玻璃，加大通风，并逐步移至光照充足不直晒场地，如有条件早晨或傍晚接受直射光则长势更好。通常于降霜后，将地上部分剪除，移至冷室或壅土越冬，翌春分栽。

(3) 分栽：

于春季新芽未萌动前，掘苗或脱盆除去宿土，将块状茎切成1～2段后用栽培土栽植。

(4) 野外掘取：

野外掘取严格说不能列入繁殖。于春季化冻后,新芽未出土或将要出土时掘取后栽植于畦地或容器中。生长期间掘取应经强修剪后再栽植。野外掘取应只限于引种。引种最好的方法是采种播种，不能破坏原生地。大量开发应有长远规划，边挖掘边补种才是良好方法。

四、栽培篇

1. 怎样沤制有肥腐叶土？

答：于秋冬之际，选通风、光照、排水良好场地进行平整，面积按需要量及堆置材料多少而定，在平面上可呈长方形、方形、圆形。地面平整后铺一层约10厘米厚细沙土，细沙土上铺一层落叶，落叶厚度约30厘米左右，压实后铺一层禽类粪肥或人粪尿，并加适量腐熟发酵液或EM剂，再放一层落叶，落叶上仍为禽类粪肥等……依次堆置高1.5米左右。堆沤前先围一土埂，随堆随加高，使其成为外壁，堆完后呈长方截锥体或圆台体。喷水使其湿透，覆盖塑料薄膜加快腐熟。翌春化冻后掀除塑料薄膜，用三齿镐在一侧边翻拌边倒垛。翻拌倒垛同时，将大块及密压的落叶翻开捣碎，继续堆放整齐。以后每月余倒垛一次，直至全部变为黑褐色，充分发酵腐熟，即为有肥腐叶土。常用于盆栽。

2. 怎样沤制无肥腐叶土？

答：无肥腐叶土又称素腐叶土。于秋冬之际，选通风向阳、排水良好场地，将场地内土表的砖石杂物清理出场外，并进行平整。确定几何平面位置后，在其边缘叠土埂，埂的宽窄高矮无关紧要，只要能挡住填充物即可。随填充物升高，埂逐渐加高变为外壁。叠好埂后，埂内铺一层细沙土，细沙土上铺25～30厘米厚落叶，落叶过大过厚以及小树枝应先行粉碎，过干时应喷水或随填装落叶随喷水，直至1.5～1.8米高时覆盖塑料薄膜。为加快腐熟，堆沤时在中间立几根直径8～10厘米的木棒或金属管、竹竿等，堆至够高时将其撤出作为通气孔，使空气能大量进入，以助腐熟，也是随时可灌水的灌水孔。翌春由一侧用三齿镐及铁锹翻拌倒垛，翻拌倒垛的同时将黏结在一起的大块捣开，大的砖瓦块捡出，仍需堆好。以后每1～2个月倒垛一次，直至变为黑褐色。土温下降至与自然气温相近时，过筛后即为素腐叶土。

3. 怎样沤制厩肥？

答：厩肥指圈养牲畜的粪尿、饲料残渣、人为垫圈料如树叶、菜叶、禾秆、生活炉灰、细沙土等，牲畜洗浴的水等，经牲畜踩踏的混合物。圈内肥料垫到一定高度后，将其掘挖出来，俗称起圈。将起出的圈肥集中堆沤，堆沤一段时间进行倒垛翻拌，充分腐熟后，即为腐熟厩肥，也称圈肥。

4. 什么叫绿肥，怎样沤制？

答：利用新鲜的植物体沤制的肥料，均称为绿肥。可选用的材料相当广泛，如鲜杂草、废弃水果、蔬菜、嫩树枝、鲜树叶等，目前将水葫芦、美洲一枝黄花等入侵植物制成绿肥，应值得提倡。绿肥沤制前需先将体积较大、长度较长的部分如禾秆、小树枝等进行粉碎，然后将其集中堆沤发酵、晾干，碎末或制成颗粒即为干绿肥。也可加水制成液肥，浇灌花卉。为防止异味和加快腐熟，可适量加入发酵菌液或EM菌。绿肥的材料质地鲜嫩，含肥量高，但含纤维量不足，用作基肥时，最好加适量腐叶土或厩肥。

5. 在长途列车上清扫下来的剩菜、剩饭、面包、饼干、鸡骨、鱼刺、水果残体等怎样沤制成肥料？

答：废物利用，变废为宝。这些废弃物每天均会产生，应将其集中后分类，去除包装物，特别是一些不易分解的物品，如塑料盒、塑料袋等，集中拣出送废品收购站。鸡骨、鱼刺、蛋皮可粉碎成粉末或小颗粒，通过堆沤或水沤促进发酵腐熟。堆沤最好的方法是砌筑堆肥池，四面有墙，并有一面墙体上留出料口（出肥口），底面抹水泥硬面，上面留有可掀起的盖，并在盖上留有进料口及几个通风口。每次将收集来的废物掀开小盖将其倒入肥池。如果过干适量喷水。堆到至池高的3/4左右停止倒料，很快即能发酵腐熟。腐熟后将其清出池外，翻拌捣碎，用清水喷湿，另堆放一处，继续发酵腐熟。腾出堆沤池继续收集倒料。继续堆沤发酵的部分，通过2～3次倒垛翻拌，呈褐黄至黑灰色，土温下降至与自然温度相近时，即可晒干装袋储藏或应用。也可同腐叶土、厩肥等一起堆沤，可代替粪肥应用，还可浸泡于水中，加盖封严沤制液肥，效果也好。

6. 废食用菌棒能代替腐叶土应用吗?

答：废食用菌棒为以棉籽皮或玉蜀黍果棒骨（俗称玉米棒或玉米芯）、树皮等为原料，经高温消毒灭菌后压制而成的。新报废的菌棒绝大多数无有害菌类及活的杂草种子，质地疏松，通透性好，既能保持较好的含水量，又能良好排水，并有一定量的营养元素，可代替腐叶土应用。

7. 挖出的河泥、塘泥可现挖现用吗?

答：河泥、塘泥中常带有一些水生动植物，如蚌、螺等。河泥、塘泥常年在水下，一些坠落水中的树枝、落叶腐熟较慢，最好还是将其掘挖出来后，经堆沤晾晒、再次腐熟后再用。堆沤过程中，需经1～2次翻拌、倒垛，翻拌倒垛时遇有凝结的大块应捣碎，砖瓦石块和不能腐熟的树枝一并拣出。发酵腐熟晒干，可充当厩肥应用，也可作为垫圈材料。

8. 一栅之隔即为养鸭厂的养鸭池，池中饲养有蛋鸭及蛋鹅，每天有大量水草投入池中，以供鸭、鹅食用，并偶有鱼类活动。这里每年秋季清出的池泥怎样处理才能作为肥料施用？用池水浇盆花是否可行？

答：饲养鸭、鹅池中清理的河泥含肥量很高，有鱼类生存，很可能是水面较宽广，污染物质含量不是很高，这种水很可能比较混浊。于秋冬之际将掘挖出来的池泥集中堆放，春季经1～2次翻拌倒垛，晒干粉碎，可按腐熟禽类粪肥应用。池水中既然有鱼类活动，证明水中含空气，含肥及污物不是很多，浇灌盆花还是可以的。如果水中含肥量很高，应对清水后浇灌。

9. 山沟松树林下有多年堆积的松针叶，厚度约有30～40厘米，上边的为干黄色，下边的多为褐黑色，但比较完整，能运回栽培盆花吗？

答：松针土也称松叶土，含大量油脂及营养元素，通透、排水性强，元素分解慢，肥分稳定，通常按腐叶土应用。运回后进行粉碎，晒干即可应用或装袋收藏。应用松针土栽培的盆花，大多叶色浓绿。

10. 山腰有杂树林及灌木丛，下有大量落叶，从表面看均为干黄色大叶片，向下掘十几厘米变湿，叶色为褐黄色，再往下挖掘为叶片尚未腐烂的褐色或黑褐色叶片，厚约50～60厘米，运回后可否直接代替腐叶土应用？

答：上层的去掉，仅掘取下边已经发酵腐熟的部分，经过筛，去粗留细，可直接应用。对表面尚未腐熟部分，可运回粉碎后继续堆沤，腐熟后即为良好的腐叶土。

11. 原来的木材厂关闭后，留有一大堆锯末、木屑、刨花、树枝、树皮，还混杂一些秸秆、豆秧、杂草等物，能代替腐叶土或腐殖土应用吗？

答：将比较长大的木屑、刨花、树枝、秸秆、树皮筛选出来进行粉碎，再掺拌在一起，可直接堆沤或加肥堆沤。腐熟后不加肥可直接掺拌于土壤中应用，但用量不应大于总量的20%。通常保水性较好，结构致密，容易沉积是其不足。

12. 什么叫腐殖土？

答：腐殖土又称草炭土，为古代沼泽地生长的植物被埋藏于地下，在水下或深层地下缺少空气的条件下，不能完全分解的一种物质。其性能已经成腐殖性，故称为腐殖土。据《中国花经》介绍，将其按形成条件、植物群落特性和理化性状分为3大类：即低位泥炭、中位泥炭、高位泥炭。

(1) 低位泥炭土：多分布于地势低洼的地方，有常年积水的沼泽地或季节性积水，水源中含矿物质丰富，生长中的植物含营养元素较多，如芦苇类、台草类等。通常分解程度比较高，呈酸性反应，持水量小，稍风干即能应用。市场上供应的草炭土多为此种。

(2) 高位泥炭土：多分布在高寒地区，生长着对营养元素要求不高的植物种类，如：羊胡子草、水藓类，水源主要由雨水供给。这种泥炭分解程度差，碳和灰含量低，呈酸性或强酸性反应。欧洲和加拿大多是这种泥炭土。

(3) 中位泥炭土：为上述两种过渡类型。

13. 什么叫蛭石？

答：蛭石为硅酸盐材料，是一种建筑保温材料，经过高温膨化成云母状的物体，这种物体称为蛭石。容重为每立方米100～130千克，遇水后因吸收水分，经压容易致密，pH值7～9，呈中性或碱性。在繁殖或栽培土壤中可独立或混合应用。

14. 什么叫陶粒？

答：陶粒是一种黏土经过高温膨化形成的直径1厘米左右的球形物体，是一种轻型的建筑材料，质地坚硬，外表假陶质，遇水也不会致密，颗粒大，通透性好，不分解，容重约每立方米500千克。多用于无土栽培及垫底排水介质。

15. 卡庆斯基将土壤分为3类9级，是哪3类9级？

答：根据不同土壤中所含各种颗粒的比例分为沙土类、壤土类、黏土类3大类。沙土类又分为：松沙土、紧沙土两级；壤土类分为：沙壤土、轻壤土、中壤土、重壤土4级；黏土类分为：轻黏土、中黏土、重黏土3级。加起来共9级。

(1) 沙土类：

通透性好，排水快，保湿性较差。土温上升快，故称为暖性土，但降温也快，土壤温度昼夜温差也大。这种土壤肥力猛，肥效快，消失也快，适合播种，有发小不发大的特点。作为栽培必须加入适量有机肥，在实践中将其称为漏沙地或贫瘠土。其所有营养元素均不足。应用中又分为：粗沙、建筑沙、细沙土，前两种为松沙类，又称散沙类；后1种有松沙、紧沙之分。

(2) 黏土类：

土壤颗粒小，颗粒间通透性差，排水差，保水力强，渗透慢，含营养元素丰富，含有机质也多。黏土保肥力强。热容量大，土温上升慢，故称冷性土，土壤昼夜温差小，土温低。颗粒间含空气少，紧实度大，不利于幼苗生长，有发大不发小的特点。这类土壤基本上属高密度土壤，除栽培一些水生、湿生类花卉外，均需改良后才能应用。

(3) 壤土类：

土壤颗粒比例适宜，并有沙土类及黏土类的特点。此类土壤通透性能好，既能良好排水，又能保墒，土温相对稳定，保肥力强，有利于耕作。为栽培、播种的最适土壤。

16. 土壤中有机质含量与哪些因素有关？

答：一般土壤表层有机质含量占0.5%～10%。土壤含有机质不多，但作用很大，它不但是养分的来源，同时对土壤理化、团粒结构、生物特性以及各种元素的肥力都有极大的影响。土壤中有机质含量及成分，绝大多数取决于施有机肥的数量、种类以及有机质转化的情况。有机质基本成分是纤维素、木质素、淀粉、糖类、油脂和蛋白质，在这些成分里，含有大量栽培植物所需要的物质，而这些营养元素，又必须在微生物分泌的酶的作用下分解释放出来。在通风良好、水分和温度适宜的环境下，好气性微生物活动旺盛，分泌的酶也较多，故有机质分解就快而彻底；反之不但分解不彻底，还会产生有机酸及还原物质，对栽培作物有害。

17. 什么叫土壤墒情？

答：水分、空气也是土壤的组成部分，土壤含水量多少称土壤墒情。墒情分为：黑墒、褐墒、黄墒、灰墒及干土5类。

(1) 黑墒：

又称饱墒。土壤深暗发黑，直观明显有水，含水量大于20%，手攥成团，扔之落地成饼，手上有明显湿痕。含水量多，含空气量相对不足，为适种上限。能保证栽培作物出苗，因长时间过湿，出苗后不能正常生长。

(2) 褐墒：

又称合墒。土壤黄黑色，直观明显潮湿，含水量在15%～20%，手攥成团，手上留有湿痕，扔之散成大块。含水量、含空气量均衡，为播种、生长很好的墒情。

(3) 黄墒：

土壤黄色，直观明显湿润，手攥成团，手上微留湿痕，含水量10%～15%。含水量能使种子发芽出苗，为适种下限。

(4) 灰墒：

土壤浅灰黄色，直观为半干，含水量为8%左右，手攥不成团，松手即散。含水量不足，播种不能出苗或部分出苗，应补充水分后播种。

(5) 干土：

土壤灰白或灰黄色，直观不含有水分，含水量在5%以下，干土块或干土粉末，遇风能扬尘。含水量过低，不适宜播种，也不适宜生长，应及时浇水。

18. 土壤中水分与空气的含量如何调节最为适宜?

答：空气和水分均为土壤的组成部分，两者是相互联系又相互制约的关系。土壤中空气是栽培植物根系吸收及微生物生命活动所需要氧气的来源，也是土壤矿物质进一步风化以及有机物转化释放出养分的重要条件。土壤中所含的空气组成与大气有所区别，土壤空气中含氧量较低，含二氧化碳量比大气多。土壤的透气状况不仅直接影响栽培植物根系呼吸，也影响微生物的呼吸过程，同时还影响土壤溶液中各种元素的存在。当土壤通气良好时，大多数营养元素以可被栽培植物吸收的状态存在，当透气性不良时，一些元素会变为有毒物质存在，从而抑制植物的正常生理活动。

水分和空气都存在于土壤的孔隙中，水分和空气在土壤中是相互矛盾的因素，而水分决定着空气的存在，制约着土壤的通透性。土壤中水分含量过多，含空气量就少；含空气量多，含水量就少。这是因为水的质量较重，空气的质量较轻，一旦水分含量多，空气就会被挤压出土壤空隙以外，水分将土壤中的孔隙占领，使植物根系缺氧。

19. 土壤中的微生物有什么作用?

答：土壤中的微生物在土壤中起着很大作用，土壤的有机物分解就是靠微生物起的作用。土壤中的微生物种类很多，如：细菌、真菌、放线菌等，但以细菌为最多，其中有益的细菌有腐生菌、固氮菌、磷细菌、钾细菌等，通过它们的作用，将植物不能直接吸收利用的营养元素变成易溶于水的速效养分。除了有益细菌外，土壤中还含有一些有害微生物，如：反硝化细菌和感染病害的细菌。土壤中有益微生物越多，土壤越肥沃；反之则贫瘠。微生物的生存和繁殖需要一定的营养、空气、湿度、酸碱度等多种条件，所以土壤中多施有机肥，以供微生物消耗是非常有益的。

20. 单位花房进行大修，在花房前边有近200多平方米的场地，想在地下建立雨水贮水池，如何建立?

答：建立地下贮水池，一次性投资很可能大于温室大修的造价，但从节水或从长远角度看，还是合适的，应大力支持。200平方米的面积，如果贮水深度2米，就是400立方米，而从春季雪融后至雨季，还可以随贮随用，这是一个不小的数字，等于近半年浇花的用水量。建立地下贮水池，应考虑多方承重及伸张力，先请专业人员进行规划设计，绘制施工图，请专业建筑队伍施工，必须保证在任何情况下，不渗不漏，不出现沙眼、裂缝，一旦因施工质量或设计缺陷造成渗水或漏水，时间一长形成潜道，将会造成冲垮基础、建筑物倒塌等不可估量的损失。

(1) 平整施工场地：

按规划设计确定施工场地，将场地内地表上所有杂物移至场外。如有树木、电线杆及地下各种管线，均移离或改道，场地四周也应无杂物。

(2) 定点放线：

用皮尺、钢尺、量绳、木桩等按设计图定点放线，并进行定桩做标记，画出掘槽线。

(3) 挖掘土方：

用机械或人工按线及施工要求进行挖槽，掘挖出的土方存放于贮土场。其深度通常为3～4米，贮水池顶部距自然或垫土地面不小于50厘米。槽底清理洁净整齐。

(4) 做垫层：

池底园土夯实，填垫级配石或石砾厚度不应小于40厘米，再次夯实。并铺3：7灰土垫层，通常厚20～25厘米，其上为厚10～15厘米石砾层，石砾层上现浇4厘米厚的1：2.5的水泥砂浆。

(5) 现浇钢筋混凝土池壁、池底：

水泥砂浆上现浇钢筋混凝土，池底、池壁同时进行，使之无接缝，成为一体。池壁应于浇筑前依据承重砌筑24～37厘米厚的砖墙。钢筋多选用主筋直径12～16毫米，箍筋6或8毫米，水泥、沙子、石砾配比为1：2.5：4，浇筑时要充分振捣，并养护不少于27天。

(6) 找平层：

现浇钢筋混凝土，养护期到后，抹一层1.5～2.5厘米厚的找平层。

(7) 做防水层：

用防水漆或二毡三油做池底与池壁的防水层，防水层上再用1：25水泥砂浆做保护层。

(8) 池盖（池顶）：

应用预制屋面板或连拱或现浇顶面，应依据地面以上的承重，如有没有车道或承载过重物品或建筑物。

(9) 回填土夯实：

将原贮存的土方回填夯实，并使进水口有一定坡度，预留进水口1个或多个，并设过滤设施及通风口、检查口、出水口等，并应设立水位高度标尺。

21. 怎样建立阴棚？

答：阴棚多数建立在温室前后。阴棚面积大小应根据盆花量的多少而定，通常与温室面积相近。建立前最好有一个简易的方案，以便于施工。其工序大致如下：

(1) 平整建棚用地：

将地面上所有可移动的杂物、杂草全部移出场地外，并做妥善处理。平整地面，将坑洼不平的地方填平，如有条件应垫高10～15厘米，并做四周排水设施。

(2) 定点放线：

用皮尺或钢卷尺找出棚的中心位置，并画十字线，由十字线扩展找出边线的中心线及柱子的中心线，再由两个中心线外扩找出柱子的基础线及挡土墙的内外线，并钉桩及撒灰线做标记。通常开间3～3.5米（柱与柱间）。进深大于4米，也应中间设主柱。

(3) 挖柱的基础槽：

基础槽深最好在冻层以下，北京地区通常为70厘米。宽窄应依据土质，松软的应加大，土质坚硬的可适当缩小，一般情况为75厘米×75厘米。

(4) 挖挡土墙基础：

挡土墙或称挡水墙，一般不会太高，只有10～15厘米，自然地面上下2～3层砖，通常只将槽底平整后夯实，不再往下做基础。

(5) 柱基做3：7灰土垫层：

通常厚度为15～20厘米，槽底夯实后，上层即为3：7灰土，土与石灰拌均匀后填入槽内夯实，宽度为满槽。

(6) 柱基砌砖基础：

基础宽度为50厘米，高度30～40厘米，通常用1：2.5水泥砂浆砌筑。

(7) 预制钢筋混凝土柱墩：

通常用下底边长40厘米，上底边长30厘米，高30～40厘米的方台，钢筋直径6～8毫米，上底预埋钢筋或螺栓预制件。

(8) 柱子的选择：

可选用钢筋混凝土水泥柱、钢管、钢方管、木材等。一般情况棚高略高于温室，故柱长多在2.8～3.5米之间。选用钢筋混凝土时，通常采用预制，柱的截面通常为边长16～20厘米，主筋16～18毫米，箍筋6毫米。混凝土选用水泥、沙子、石砾为1：2.5：4，浇筑，潮湿养护27天以上。选用钢管最好在直径7.5厘米，应用木柱应在直径12厘米以上。

(9) 主梁、拉梁、挑梁的选择：

梁与柱一样，通常选用钢筋混凝土梁、钢梁、木梁等，实践中以钢材、木材为梁者为多。钢梁可用直径20～22毫米圆钢焊接成花梁，也可选用工钢、角钢、钢管、方筒钢焊接，或选用圆木、方木为梁，简易的也可选用粗竹竿。选用钢筋混凝土时，截面应不小于宽10厘米，高15～17厘米，钢筋直径不小于10毫米，箍筋直径6毫米，并筑好预埋件，以便各部连接。最后刷外层涂料（木质料刷防水漆及调和漆，金属材料刷防锈漆后刷调和漆）。

(10) 组装：

先将柱墩放在砖基础（也可作钢筋水泥浇筑基础）上，纵向横向找好链接螺栓，在一个水平和垂直线上，将立柱预制件孔套于预埋螺栓上使柱直立，下部螺栓用螺帽拧紧，然后上梁，用电焊将预埋件连接处焊牢，应用木柱时选用金属卡或螺栓固定，上部梁与梁柱间应设斜撑。

(11) 铺遮阳物：

挑梁的间距最好在50～60厘米之间，上面铺一层塑料薄膜，塑料薄膜上压遮阳网或荻帘、苇帘、竹帘等，并牢固地固定在挑梁上。塑料薄膜边缘应下垂1米左右，防止夏季斜向风吹雨淋。

(12) 挡土墙砌筑：

因墙高只有15～20厘米，连同地下4～5层砖，通常槽底夯实后，即用1：2.5水泥砂浆，在柱与柱间砌筑，墙外做30～50厘米宽散水，棚内地面垫高10～15厘米。

阴棚在通风、排水良好场地，最少应有一面有搬运通道。水源也不能太远。应用面积上应考虑有上盆、脱盆换土、修剪整形操作的场地。

22. 怎样栽培好文竹?

答：商品文竹多为1～2年生小苗，柔细文雅，弱不经风，层叠如云，未风先动，姿态优美，一旦长大反不如小时雅致。文竹的生长特性为，幼苗时植株一苗高过一苗，叶片高低有序，层次分明，但出现攀援枝后，往往显得凌乱。在栽培中应多注意水肥等养护。

(1) 容器选择：

通常选用口径10厘米以下小盆，大型植株可考虑用口径14～20厘米口径大盆。花盆材质不必考虑。批量生产可选用6×6～10×10（厘米）营养钵或小硬塑料盆。留种植株多做畦栽。

(2) 盆土选择：

小苗栽培土壤选择园土、细沙土、腐叶土各1/3；或沙壤土60%～70%，腐叶土40%～30%；或普通园土、腐叶土各50%，另加腐熟厩肥6%～8%，应用腐熟禽类粪肥、腐熟饼肥、颗粒粪肥为4%～5%。翻拌均匀后，经过充分晾晒，或高温消毒灭菌后即可应用。

(3) 掘苗：

用花盆或苗浅播种的小苗，将盆放倒或斜置，一手托盆，一手磕打盆壁，或将盆倒放，一手托土面一手握盆沿，在花架边角或土地面上上下磕动，即能连苗带土一起脱出花盆。除去宿土或带部分护根土上盆栽植。浅木箱播种苗，用花铲掘苗上盆，营养钵播种苗，用一手托钵壁前端，一手捏挤钵并向前推土，向后拉钵，即能带完整土球脱出钵外。然后按自然单株或2～3株分开栽植。

(4) 上盆：

将准备好的花盆底孔用塑料纱网或碎瓷片垫好，装填土壤至盆高的1/3～1/2，土面上撒一层素土，也可用原来播种土，将苗放置盆内中心部位，用素土将根系盖上，不使根系直接接触肥土，以防伤根。四周再填栽培土至留水口处，压实刮平。

(5) 摆放：

摆放在预先准备好的遮光50%～70%的栽培场地。通常靠墙一排横向不多于8盆，长向以温室进深而定，第二排不多于10盆，盆数多少以便于养护为准。排与排间（方与方间）预留操作通道，宽度不小于40厘米，北侧预留运输及操作通道，通常不小于1.3米，以1.5～1.8米为最好。摆放时横成行、竖成线，南低北高。

(6) 浇水：

选用细孔喷壶喷灌。水渗下后，对倒伏苗及时扶正，对坑洼不平的盆土应进行填平。前期保持湿润，缓苗后保持土表不干不浇。土壤长时间过湿，土壤中肥料过多，枝叶稀疏，易生徒长枝；盆土过干，光照过强，枝叶易枯干。高温炎热天气多浇水，低温天气少浇。

(7) 松土除草：

盆土相对较为疏松，空隙较大，又施用有机肥，土表板结的可能性较小，故土表不板结可免松土，但发现板结应浅中耕，杂草在适温、适湿环境下时有发生，应及时薅除。薅杂草宜小不宜大，幼小的杂草只有1条小主根，很容易薅除，一旦长大，根系布满盆内土壤，并与文竹根系缠绕在一起，就很难薅除了，到这种程度只能用枝剪深入土表下，由主根的关节以下将其剪除，如果将关节留在土壤中，杂草很快会发生新芽，快速生长。

(8) 追肥：

幼苗生长期每20～30天追液肥1次。浇肥时应直接将肥水浇于盆内土表，切勿浇于茎叶，如不慎溅于茎叶，应及时喷水冲洗。成苗后，除育种植株外，最好不大量或过勤追肥，肥大、水大易发生徒长枝，变为攀援性。

(9) 整形修剪：

文竹苗期自然潇洒，轻盈优雅，但长时间光照过弱，通风不良，盆土干湿不均，土壤贫瘠，也会出现枯枝，应随时剪除。成型植株攀援枝发生率高，多数全部变为攀援枝，即使将其由基部剪除，再发生新枝仍为攀援性，这种情况可利用攀援枝盘扎造型，可用细铁丝或竹片、竹劈、荻秆做成架子、球体、花篮等造型，将枝条盘扎其上，也可沿墙布置，更显自然。

23. 专为开花结实的文竹如何栽培？

答：培育结实的文竹植株，多在温室内畦地栽培。在温室内选择光照充足、通风良好场地翻耕叠畦。畦宽40～80厘米，长按温室进深或需要而定。为解决通风问题，常将其设置于温室一进门的南侧。土壤翻耕深度最好在30厘米左右，并施入腐熟厩肥，每平方米2.5～3千克，翻拌均匀后叠畦。畦埂高踏实后10～15厘米，宽25～30厘米。栽植穴直径不小于25厘米，深20～25厘米，将多年生容器栽培的已经有攀援枝的植株按单行40～50厘米株距栽入于栽植穴中。整畦耙平压实，灌透水，保持土壤湿润。花期及低温季节，保持偏干，花期土壤过湿会导致落花落果。随时薅除杂草，并浅松土，保持土壤通透。生长期间每10～15天追肥1次，追肥可浇施，也可埋施，埋施时距株丛10～20厘米，周围将畦土掘开深5～10厘米，将腐熟后的干肥薄薄撒一层，然后原土回填，刮平压实、浇透水。花蕾初现时为一白色小点，此时追浇1～2次磷酸二氢钾以利结实。如能采用人工授粉，结实率更高。

24. 阳台条件怎样栽培好文竹？

答：在阳台上种好文竹方法如下。

(1) 阳台方向选择：

文竹要求充足明亮的光照，光照长时间过弱生长不良，易产生枯枝。一般情况，四个朝向阳台均能栽培，南向阳台摆放于阳台的窗台或花架上；东向阳台可摆放在阳台地面或阳台内的窗台上；西向阳台需要遮光50%～60%；北向阳台摆放在阳台护栏上，并需通风良好，光照充足明亮。

(2) 栽培容器选择：

培容器多选用口径10～14厘米花盆，也可选用4～8厘米口径小盆，花盆材质不必过多考虑，在瓦盆、塑料盆、瓷盆中均能良好生长。但选用盆土时，高密度材质的盆应考虑选用通透好的土壤，浇水量及次数要少于瓦盆。花盆应清洁干净无水垢，如果有黏结在盆壁或盆沿上的水垢时，可用锉刀刷或钢丝刷刷洗洁净后再用。

(3) 栽培土壤：

阳台栽培文竹的盆土最好更通透一些，以适应夏季高温。习惯上选用普通园土40%、细沙土30%、腐叶土30%；或沙壤土70%，腐叶土30%，另加腐熟厩肥3%～5%，翻拌均匀，经充分晾晒后应用。

(4) 上盆栽植：

阳台条件往往是选购盆栽苗栽培。如果选用阳台播种苗，掘苗栽植时，花盆播种苗长有2～3株株丛时，脱盆去宿土，或带少量宿土，按丛分开，栽植于备好的盆中。栽植时先将盆底孔垫好，填装土壤至盆高的1/3～1/2，垫一层原播种土或素土（无肥土壤），将根系放在素土上，并用素土埋藏根系，使肥土不直接接触根系，素土外填装栽培土至留水口处。

(5) 摆放：

摆放在光照充足、明亮、无直晒光照，或早晚有直晒光照，中午遮光，通风良好场地。盆下放一接水盘，或放置在沙盘或沙箱上，很快即能恢复生长。

(6) 浇水：

摆放好后立即浇水，保持盆土湿润。浇水每日早晨或傍晚进行，浇水的同时进行喷水，增加空气湿度以利于生长。原则上炎热夏天、风天、干旱天气多浇多喷，阴雨天、低温天气少浇或不浇。冬季供暖前及停止供暖后两个低温时间段，不干不浇。冬季也需少浇。

(7) 松土除草：

肥后、雨后或土壤板结时松土，随时薅除杂草。

(8) 追肥：

家庭环境也不宜追肥过多，每20天左右追肥1次足够消耗，一旦长势过盛，也会导致攀援枝发生，一旦发生可将其剪除1～2次，以后原有枝老化，再发生新枝多为攀援枝，只能设支架造型栽培。

(9) 日常养护：

发现枯枝败叶及时剪除。自然气温低于12℃，移至室内光照充足处，并每10天左右转盆一次。翌春自然气温稳定在15℃以上时，移至阳台或留于室内栽培。每2～3年脱盆换土1次。

25. 文竹怎样脱盆换土?

答：文竹换土多在春季至秋季。选用前边介绍的栽培土。操作时将花盆横置于地面，一手扶盆壁，一手磕打盆壁，边磕打边转动；或将盆倒置，一手托盆土土表，一手握盆沿，盆沿在地面、窗台等处上下磕动，即可带土球脱出，脱出后除去大部分宿土，带少量护根土另行栽植。栽植时先用塑料纱网或碎瓷片将盆底孔垫好，装填2～3厘米厚的栽培土，稍刮平、压实，沿盆内壁处撒一周圈干肥，不要太多，薄薄一层足够消耗之用，也可放3～4片马蹄片，肥效更长。再将其用栽培土压严，填土至盆高2/3～1/2处，刮平压实后将丛生株根部放置于盆中心位置，随填土随扶正、随压实，至留水口处。水口从土面至盆沿1.5厘米左右，留得过浅，一次浇水浇不透；留得过深，盆土减少，对生长不利。栽植后置温室半阴场地，浇透水，保持盆土湿润，很快即能恢复生长。

26. 家住楼房一层，有南向小院，家中栽培的文竹能否在夏季移至绿地浓荫树下栽培?

答：文竹在原产地本来生长在野外，室外栽培，只要能创造原产地的气候条件，其长势会比室内要好得多。春季最低自然气温稳定在15℃以上时，即可由室内移至室外树荫下。最好在盆底放两块砖石或倒扣一个花盆，以免地下害虫由底孔钻入盆土中危害。树荫下必须通风良好，如果早晚能有直射光则更好。盆土保持土壤不干不浇。每月余追肥1次，即能良好生长。

27. 怎样栽培天冬草才能良好生长?

答：天冬草适应性强，可略粗放养护。栽培容器多选用16～20厘米口径瓦盆，苗期多用12～16厘米小盆。盆土为普通园土40%、细沙土40%、腐叶土20%，另加腐熟厩肥10%～15%，翻拌均匀即可由小盆中导入大盆，春至夏均可实施。上盆后稍作遮荫，浇透水，保持盆土湿润。待恢复生长后，可稍遮荫或放在直晒下栽培。生长期间，随时薅除杂草。每20天左右追1次肥水。雨季及时排水。霜前移入温室，室温不低于5℃。温度过低、浇水过多，过于干旱，通风不良，也会引发枯枝。翌春自然气温稳定于15℃以上时出房，坚持每天喷水1～2次，待适应室外环境后，改为浇水，也可选用喷水保湿。一般情况由播种至丛生苗丰满需要2年时间。2年生苗即有少量开花结实。栽培4～5年，脱盆换土1次，结合换土可行分株繁殖，同时将小块根摘除一部分，以防养分消耗过多，抑制生长。习惯上在分株换土时，将地上部分剪除，养护一段时间，自会发生新苗，发生的新苗生长整齐；也可不剪除地上部分，但长势参差不齐，作为花坛围边并无大的影响。天冬草的小块根无生长点，栽植后一般情况下不能发生新芽，不能做繁殖材料。

28. 住楼房能在阳台上栽培天门冬吗？

答：天门冬在东、西、南、北四面阳台均能栽培。最好选用16～20厘米口径高筒花盆。盆土为普通园土40%、细沙土30%、腐叶土30%，另加腐熟厩肥10%～15%，应用腐熟禽类粪肥、腐熟饼肥、颗粒或粉末粪肥为6%～8%，拌均匀后经充分晾晒后即可应用。栽植后，置半阴处缓苗，待恢复生长后，逐步移至半阴或直晒处。每日早晚或傍晚浇水，同时喷水增加小环境空气湿度。生长期间每20天左右追肥1次，2年生苗多施磷钾肥，以增强枝条直立性及多开花、多结实。每10～15天转盆1次。随时薅除杂草，剪除枯枝黄叶。霜前移至室内光照较好处，减少浇水，保持偏干，土表不干不浇水。室温最好不低于5℃，翌春自然气温稳定于15℃以上时，移至阳台栽培。每4～5年脱盆换土1次。

29. 作为观赏怎样栽培好芦笋？

答：观赏芦笋能与文竹媲美，比文竹潇洒大方，既耐干旱耐贫瘠，又耐寒，是园林绿地、林缘、坡地布置的良好材料，也是切花、制作干花的良好材料。露地栽培养护粗放。栽植前平整、翻耕栽培场地，并施入每平方米3～4千克腐熟厩肥，或2～3千克腐熟禽类粪肥，或腐熟饼肥，或颗粒粪肥，翻耕深度不小于30厘米。宜春季栽植小苗或移植丛生株。栽植时栽植穴深度不小于20厘米，直径不小于30厘米，先填一层栽培土后，将小苗或丛生株新芽带完整的根系置于穴内，四周填土栽植，土面留一浇水的小穴或围浇水土埂，向小穴内浇水至透，保持湿润。苗高15～20厘米时，将小穴土表耙松后，用栽培土填平。苗高30厘米左右，留2～3苗，将多余植株剪除，并埋施1次肥，花前追1次磷、钾肥，即能花开满枝，果实累累。霜后无观赏价值时，将地上部分剪除，将地面清理洁净。入冬前浇越冬水，并做“请勿践踏”等警示牌。翌春化冻后，围埋一圈肥料，浇返青水。新芽出土后，仍需留2～3枝壮苗，其余的剪除做复壮栽培。

30. 芦笋作蔬菜栽培时怎样养护？

答：芦笋作蔬菜及药用栽培方法是相同的。于春季选通风、光照、排水良好场地进行翻耕，翻耕深度不宜小于30厘米，并进行平整，然后按60～80厘米行距叠垄，垄高不小于30厘米，宽30～40厘米。叠垄时每亩施入腐熟厩肥3500～4000千克，或腐熟禽类粪肥、或颗粒或粉末粪肥2500～3000千克，并均匀翻拌于土壤中。按40～60厘米株距掘栽植穴，将挑选的优良品种按单株或2～3株1簇栽植。栽植时留一小穴，栽植后按垄浇水，保持湿润。苗高70～100厘米时，每穴按1～3株留苗，发生的新枝全部由基部剪除，留下的植株进行短截，并按穴追肥。基部发生的新芽多数较为粗壮，用刀锯切下后即为芦笋。切后仍需每20天左右追肥1次，不久即可二次采收。2～3次采收后，应继续浇水追肥养苗，给翌年采收做准备工作。

31. 芦笋能在阳台用容器栽培吗？

答：大多数植物均能用容器栽培。芦笋虽然枝叶细腻，娇柔可爱，但株高、冠径均较大，盆栽时在较小花盆中能自然矮化，在选择容器时，盆大，植株长势健壮而高大，花盆较小时，株型也矮小，可依据需要及爱好选用口径16～40厘米花盆。盆土选用细沙土、腐叶土各50%，另加腐熟厩肥8%～10%，于春季新芽萌动时栽植。栽植时先将花盆底孔垫好，填2～3厘米厚栽培土，刮平后沿盆壁四周撒一圈腐熟干肥末，再用栽培土埋严，然后填土栽植。栽植后置阳台有直射光照处，无直射光照，长势极弱。浇透水，每日早晨或傍晚浇水。每20～30天追肥1次，并随时薅除杂草。勤转盆，并对停止生长的枝由基部剪除，进行更新。花前增施1～2次磷钾肥，促使枝条坚硬，花多、果密。霜后剪除地上部分，用泡沫塑料箱保护越冬。翌春脱盆换土。

32. 怎样栽培龙须菜？

答：龙须菜可直播也可移栽，栽培容易，养护粗放。多在春季移植丛生芽，栽植于备好的畦地中。栽植前先将栽培场地翻耕，翻耕深度不小于30厘米（沙壤土中长势强于普通园土），并每亩施入腐熟厩肥3000～3500千克，或腐熟禽类粪肥、腐熟饼肥、颗粒粪肥2000～2500千克。按40～50厘米株距掘穴栽植，浇透水。新芽出土后将弱芽掰除，仅留壮芽生长，过密时疏剪。株高50～60厘米时，作为花篱栽培时，可整形修剪。不过于干旱不必浇水，也不必再追肥。如果用于食用采收龙须菜，应保持湿润，并在生长期每月追肥1次。霜后剪除地上部分，将栽培场地清理洁净，浇越冬水越冬。翌春化冻后，浇返青水。做食用龙须菜的栽培苗应于早春地化冻后浇透水，用蒲席覆盖，或先盖塑料薄膜，再覆盖草帘，晚春即可采收龙须菜。

33. 兴安天门冬、南玉带、长花天门冬、曲枝天门冬等在半沙性土壤的绿地中栽培养护方法相同吗？

答：上述天门冬类均能耐旱、耐贫瘠、耐寒，适应性强，其习性基本相同，同于绿地的栽培方法也基本相同，详述如下：

(1) 平整栽培场地：

于春季化冻后，平整规划好的场地，将场地内及周边杂草杂物清出场外，并做妥善处理。场地做成0.3%～0.5%的坡度，以利排水。如需增加园林设施或其他设施，均应在平整场地前施工。

(2) 翻耕栽培场地：

场地平整后，施入腐熟厩肥3500～4000千克，撒施均匀后进行翻耕，翻耕深度不小于30厘米。如地下砖石、杂物过多，应不施肥，先过筛或更换新土，客土应为普通沙壤园土，筛完换完后，再施肥。如遇上建筑垃圾过多，应深掘至40～50厘米。回填土应分层夯实，筛除的大块渣土运出场外，或原地深埋，深埋时，深度最好在70厘米（冻层）以下。

(3) 掘穴叠垄或叠畦：

翻耕后耙平压实，四周叠埂。团栽时按丛掘穴，穴深25～30厘米，直径30厘米左右。片植面积较大时，应分畦栽植。

(4) 栽植：

为使得栽植后很快见效果，多选用2～3年生丛生苗，于春季新芽刚刚萌动时掘苗栽植。株行距依据设计要求而定，这是因为三五团栽、片植、列植成篱要求景观效果不同，故株行距也不同。栽植时新芽应露于土表外。

(5) 浇水：

栽植后即行浇水。浇水时将管道出水口处垫一块草帘，使水通过草帘减压后流入畦中，以防止将畦土冲成坑洼不平。水渗下后，将压实不均而下陷的地方用原土垫平。土表见干后再浇水。浇3～4次水后，不过于干旱不用再浇水。雨季及时排水。冻土前浇一次越冬水，翌春浇返青水，并围施腐熟肥。随时中耕、除草，对弱枝、黄枯枝、病残枝进行修剪。

34. 阳台环境能用容器栽植兴安天门冬、南玉带等野生天门冬类吗？

答：很少有人用容器栽培天门冬类。容器栽培在阳台环境多选用20厘米口径高筒花盆。栽培土选用沙壤土或细沙土60%，腐叶土40%，另加腐熟肥8%左右，翻拌均匀后经充分晾晒后即可应用。于春季新芽萌动时掘苗。掘苗时宜先将苗四周的杂草带根薅除，最好能带一些护心土，如有困难时，也可裸根掘苗。栽植后置阳台半阴场地浇水缓苗，并于盆底垫接水盘。小苗恢复生长后，逐步移至直晒场地，每天早晨或傍晚浇水，雨季及时排水，随时铲除杂草。每7～10天转盆1次，使其受光均匀。20天左右追肥1次，新枝叶伸展期，最好应用有机肥，伸展后应以磷钾肥为主，即会达到枝绿、果红的效果。霜后剪除地上部分，将盆土面清理洁净，用泡沫塑料箱保护越冬。翌春天暖后脱盆换土。

35. 怎样在温室内栽培好蓬莱松？

答：蓬莱松是武竹的别名。栽培中多用16～20厘米口径花盆。盆土选用普通园土40%、细沙土30%、腐叶土30%，另加腐熟厩肥8%～10%，于春季上盆，置温室内遮光50%～75%、通风良好的场地，浇透水保持盆土湿润。随时铲除杂草，剪除枯枝黄叶。每20～25天施追肥1次。在室温20～30℃环境中生长旺盛，冬季室温最好在15℃以上，或在10～12℃，如果白天温度很高，夜晚温度较低，对植株生长极为不利。长时间在6～10℃温度，处于休眠状态，也会受伤害。栽培中，冬季盆土保持偏干。每3～5年脱盆换土1次即会良好生长。

36. 蓬莱松在阳台上如何栽培？

答：蓬莱松在南、北、西、东四个朝向阳台均能栽培。南向阳台可摆放在阳台内地面上或中午遮光；东向阳台摆放在阳台面上；西向阳台需设遮阳物；北向阳台需通风良好或早晨、傍晚能有直射光照，冬季需良好光照。总之在光照充足明亮不受直晒、通风良好环境下即能良好生长。于春季至夏季选用口径16～20厘米高筒花盆，盆土选用沙壤土或细沙土60%、腐叶土40%；或普通园土、细沙土、腐叶土各1/3，另加腐熟厩肥8%～10%，应用腐熟禽类粪肥、腐熟饼肥、颗粒粪肥时为4%～6%，翻拌均匀经充分晾晒后上盆。上盆后置半阴场地，盆下垫接水盘，浇透水。随时薅除杂草。每天早晨或傍晚浇水或喷水，炎热干旱天气每天傍晚喷水1次，有条件时将周围的阳台面及建筑物侧面一并喷湿。夏季在自然气温条件下能良好生长。生长期间每15～20天追肥1次，入秋后停肥，当自然气温低于10℃时，移至室内光照充足场地，室温低于15℃，盆土保持偏干。供暖前及停止供暖后两个时间段，将其用塑料薄膜罩连同花盆一同罩起来，并需保持盆土偏干，不干不浇水。待供暖后或自然气温不低于8℃时，可少量浇水，冬季浇水或喷水，均须先将自来水灌进广口容器，待水温与室温相近时再浇或喷，喷水应在室内进行，即使室外阳光充足，也不能移至室外喷浇。仍需10～15天转盆1次。翌春自然气温稳定于15℃以上时，移至阳台栽培。每栽培3～5年，结合分株脱盆换土一次。

37. 怎样在温室中栽培狐尾天冬草?

答：狐尾天冬草在北方是温室花卉，喜高温高湿、半阴环境，生长期间最好遮光60%～75%，并要求通风良好、相对空气湿度较高的环境。在温室内夏季生长速度快而健壮，生长适温20～30℃，12℃以下停止生长，不耐10℃以下低温。一般情况下春夏季分株，夏季播种繁殖。苗期选用口径10～12厘米高筒花盆，成苗多选用16～20厘米口径高筒花盆，花盆洁净。栽培土为普通园土、细沙土、腐叶土各1/3，另加腐熟厩肥8%～10%，经充分晾晒，灭虫灭菌后应用。上盆后置备好的半阴场地，浇水后保持湿润，并向场地四周喷水增湿，夏季干旱、炎热天气，增加喷水次数，保持空气湿度。自然气温降至15℃以下时，减少浇水及喷水，盆土保持偏干。高于28℃开窗通风，低于12℃点火供暖。生长期间每15～20天追肥1次，随时薅除杂草。单面采光温室，枝叶因追光而偏斜时转盆。

38. 家庭环境怎样养好狐尾天冬草?

答：家庭环境空间多样，有阳台、居室，有封闭阳台、有敞开阳台，有高层、低层，有平房小院。生长期间有的能利用树荫、瓜棚花架，有的能利用建筑北侧遮阳。不论是哪种环境，必须有通风良好、光照充足明亮、夏季不直晒、冬季光照良好的条件。花盆多选用口径16～20厘米高筒花盆，苗期选用口径10～14厘米高筒瓦盆，盆必须干净无污渍。于夏季分株或脱盆换土栽植。栽培土壤选用普通园土、细沙土、腐叶土各1／3，另加腐熟厩肥8%～10%，经翻拌均匀、充分晾晒后应用。栽植后，置半阴环境下，家庭小院可放置在浓荫树下，瓜棚、花架下，建筑物北侧或楼房阳台上。花盆底下垫砖石或接水盘。生长季节每日早晨或傍晚浇水，同时将场地及四周喷湿。每15～20天追肥1次。自然气温低于12℃时移入室内光照充足场地，减少浇水量，浇用的水或喷水洗叶的水温与室温相近。对反温差能适应。冬季因光照角度低，枝干更容易因追光而偏斜，故应经常转盆。翌春自然气温稳定在15℃以上时，移至阳台或留室栽培。

39. 怎样小批量栽培好假叶树?

答：假叶树是一种非常奇特的植物，看上去枝干挺拔，叶绿果红，实际上那片片“绿叶”是变态茎，并不是叶片，在某些生理活动中起叶的作用。一般情况下，假叶树的分株及播种苗分栽，均于春至夏季进行，但在温室条件下全年可行。假叶树作微型或浅盆栽培，长势也很好。

(1) 整理温室：

将温室内杂草、杂物清理出场外，所有设施进行一遍检修维护，如需要新增设施，也应在摆放花盆前施工。地面进行平整，喷洒或熏蒸一遍杀虫、灭菌剂，如室内地下有线虫病史，应同时防治，喷洒的药剂习惯上用40%氧化乐果乳油1000倍液，或20%杀灭菊酯乳油4000倍液，加50%多菌灵可湿性粉剂800倍液，或75%百菌清可湿性粉剂600倍液。药剂宜单独配好后再混合在一起喷洒，喷洒要仔细，犄角旮旯全部喷到。地下害虫较多，可泼浇50%辛硫磷乳油1000～1500倍液，或15%西维因可湿性粉剂，撒粉，每亩2.5千克左右，有线虫史地区可用3%呋喃丹颗粒剂或10%铁灭克颗粒剂，每亩2～3千克，均有良好杀灭效果。

如果用高床（花架），应经维修整理好，按方摆放整齐。如果直接摆放在地面，应整平整好，并做成0.5%～1%排水坡度，规划摆放位置。

(2) 栽培容器选择：

小苗期选用口径10～12厘米小花盆或浅木箱。为降低栽培造价，也可应用10×10（厘米）小营养钵。成苗选用14～18厘米口径高筒花盆。应用前应洗洁净。

(3) 栽培土壤：

选用普通园土40%、细沙土30%、腐叶土30%，另加腐熟厩肥8%～10%，翻拌均匀，经充分晾晒或高温消毒灭菌灭虫后应用。

(4) 上盆栽植：

将备好的花盆用塑料纱网或碎瓷片垫好底孔，填装栽培土至盆高的1/2～2/3位置，刮平压实后，将苗根系放于盆内，一手握苗，一手用苗铲填土，随填土随扶正，随压实，至留水口处。

(5) 摆放：

为养护方便，靠墙一排横向最好不多于6～8盆，竖向依据温室进深而定，中间各方横排最好不多于12盆，总长度应在1.2～1.3米之间，方与方之间预留40厘米宽养护通道。北侧靠墙边预留最少1.3米宽运输操作通道。摆放前还应做好标记，以便按标记线摆放，并做到横成行、竖成线，南低北高的次序，既便于养护管理，又易清点数量。

(6) 浇水：

摆放好后即行浇透水。夏季高温或干旱天气保持湿润，浇水同时向场地四周喷水。低温天气、雨季少浇水，并及时排水。冬季保持盆土稍偏干，土表不干不浇水。空气湿度最好保持在60%以上。

(7) 遮光：

假叶树能耐直晒，但在半阴环境中长势更好，夏季最好遮光50%～70%，冬季要求光照充足。撤除遮光物时宜逐步撤，使其在逐渐适应中撤除，不能在完全遮光下突然变为强光直晒，以防发生日灼。

(8) 追肥：

上盆后60天左右开始追肥，每20天左右1次，花前15天左右1次，并以磷钾肥为主，以利开花结实。冬季室温低于15℃不再追肥。

(9) 室温要求：

夏季在自然气温条件下生长良好，冬季最好不低于8℃，但能忍受短时渐低的5℃低温。高于28℃开窗放风。

(10) 中耕除草、换盆：

肥后、雨后或土壤板结时浅中耕。杂草在适温适湿条件下各个季节均有发生，应随发生随薅除。小盆栽培苗显得拥挤时即换入大盆，大盆栽培3～5年脱盆换土1次。

40. 阳台环境怎样栽培假叶树？

答：假叶树既能用稍大口径花盆，又能用小口径花盆栽培，还能用微型或浅盆栽培，是家庭室内或阳台栽培的良好花卉品种。四个朝向阳台均能栽培，南向阳台摆放在阳台内地面上或花架上，也可逐步移至直晒处；

东向阳台可摆放在阳台面或阳台内窗台上；西向阳台最好遮光50%～70%或逐步移至直晒处；北向阳台需要通风良好，并有充足的散射光。春季自然气温稳定于15℃以上时移至阳台。充分喷水冲洗，将冬季落在植株上的尘土全部冲刷洁净，适应一段时间后进行换土或追肥。浇水宜在早晨或傍晚，避开炎热中午，浇水同时喷水，以增加环境潮湿度，生长季节充分浇水，保持土壤湿润，但不能积水，雨季及时排水。追肥每15～20天1次，最好多施磷钾肥，少施氮肥，以浇施为主，土壤含肥量不足，浇水过多，盆土长时间过湿，或长时间过于干旱，均会引发枯枝。室外自然气温低于10℃时，应移回室内或封闭阳台光照较好场地，盆土保持偏干，土表不见干不浇水，并停止追肥。在供暖前及停止供暖后两段较低温时间段，尽可能不浇水，更不能喷水，如果需要浇水，应在中午室温较高时进行浇水。将植株连同花盆一起用塑料薄膜罩起来，待供暖后或气温回升，撤除所罩物。冬季浇水应先将自来水放入广口容器中，使其充分接触空气，待水温与室温相近时浇或喷水。室外自然气温回暖后，移至敞开阳台栽培。

41. 怎样栽培好一叶兰？

答：一叶兰形态端庄规整，而不失自然潇洒，直升叶刚强有力，斜生叶飘洒自如。是耐阴性极强的花卉，能在有散射光场地长时间陈设。很多人认为一叶兰不开花，这是对它的误解，一叶兰的花在刚出地面处开放，褐紫色，不妨在每年的2～3月间亲自看看这奇异的小花吧！一叶兰既适合用一般花盆栽培，也适合在浅盆及小盆中栽培。栽培中最常用的为14～30厘米口径花盆，但在口径10厘米高筒花盆中也能良好生长，在瓷盆、陶盆、硬塑料盆等高密度材质花盆中长势也好。栽培养护容易，为优良的容器栽培观叶花卉。栽培土壤应用普通园土即能生长，但常用栽培土为普通园土70%、腐叶土30%，或普通园土40%、细沙土30%、腐叶土30%，另加腐熟厩肥8%～10%，应用腐熟禽类粪肥、腐熟饼肥、颗粒或粉末粪肥时应不大于6%，经翻拌混合均匀，充分晾晒后应用。上盆后置遮光50%左右的半阴场地，应成排成方地摆放好，浇透水保持盆土湿润。夏季每2～3天追肥1次，肥后喷水洗叶，如果在陈设中可不追肥，但应用小喷壶喷水后用湿棉织物将叶片擦净。入冬撤除遮光物，盆土偏干，室温夜间不低于5℃。白天高于25℃时开窗通风。发现杂草或黄叶及时薅除。叶片显得拥挤时脱盆换土或更换大盆。

42. 家庭条件如何栽培好一叶兰？

答：无论楼房阳台、居室、平房小院均可栽培。楼房南向阳台应遮光，或摆放在阳台内光照明亮而不直晒处；东向阳台因上午有直射光，但光照不是很强，可直接摆放于阳台面上；北向阳台要求通风良好，有较好散射光。小院条件可放置在阴棚下、花架下、树荫下、建筑北侧或大盆花北侧阴凉处。花盆选择以陈设地点或个人爱好而定，但一般常选用16～20厘米口径深筒花盆，花盆应用前应刷洗干净，盆壁无污渍。盆土选用园土40%、细沙土30%、腐叶土30%，另外腐熟厩肥10%左右，翻拌均匀、经充分晾晒后应用。花盆摆放时盆下垫1～2层砖石，防止地下害虫由盆孔钻入盆土。浇透水后保持盆土湿润。炎热干旱夏季每天早晨或傍晚浇水，并向叶片喷水，但不能积水，雨天及时排水。每月余追肥1次。随时剪除枯黄叶片，薅除杂草。霜前将盆内杂物清理洁净，并喷水浇叶，于自然气温低于8℃或霜前移入室内或封闭阳台光照较好的地方，盆下要垫接水盘，或者将其放在垫有2厘米厚度泡沫塑料的暖气罩上，冬季照常开花。放在小客厅内也无损伤。冬季浇水不宜过多，保持盆土偏干为好。浇或喷用的水最好还是先放入广口容器中，待水温与室温相近时再用其浇水或喷水。室温不低于5℃，即能安全越冬。一叶兰叶片较大，除喷水还应经常用湿棉织物擦拭。冬季供暖前及春季停止供暖后两个低温时间段，在室内光照较好处，不用任何防护，只少浇水，保持盆土偏干即能安全度过。翌春室外气温不低于12℃，移至室外，经过15～20天适应后脱盆换土或开始追肥。家庭条件多在盆内叶片显得拥挤时，结合分株繁殖脱盆换土。

43. 怎样栽培玉黍万年青？银边玉黍万年青与玉黍万年青栽培方法相同吗？

答：玉黍万年青又称玉蜀万年青，或简称万年青，还有宝珠万年青、红豆万年青等别称。形态端庄，颜色葱绿，果实鲜红如珠，富有诗情画意，是寓意富贵的陈设品。玉黍万年青与银边万年青是正种与变种的关系，栽培方法基本相同，只是银边万年青又称镶玉万年青，耐阴性更强。栽培玉黍万年青多选用口径14～30厘米花盆，对高密度材质花盆如瓷盆、陶盆、塑料盆等均能适应，但作为栽培，最好还是应用造价便宜的瓦盆或营养钵。栽培土壤选用普通土、细沙土、腐叶土各1/3，应用高密度材质花盆时应为普通园土20%、细沙土30%、腐叶土50%，以增加通透性。遮光50%～70%。夏季生长期间保持盆土湿润，不积水，通风良好，浇水时将四周场地一同喷湿。盆土长时间过湿、通风不良、室温过低，会引发烂根。生长适温为16～26℃。夏季在温室内有通风良好、遮光设施条件下未见伤害，长势良好。不耐低温，越冬室温最好不低于15℃，能耐短时10℃低温，花期低于18℃、光照不足，不易结实或结实率不高。生长期间每15～20天追肥1次，室温低于15℃停止追肥，低温追肥也会造成烂根，肥水渗下后，向叶片喷水洗叶1次，以防肥水溅到叶片及叶脉而引发腐烂。冬季要求光照充足，盆土偏干，尽可能不向植株喷水。

44. 家庭条件如何栽培玉黍万年青？

答：玉黍万年青喜半阴不耐直晒。南向阳台摆放在阳台内窗台上；东向阳台可摆放在阳台内窗台或阳台面上；西向阳台必须遮光；北向阳台需要通风良好，有较明亮的光照，或早晚有直射光照。平房环境可摆放在窗台上、瓜棚下、浓荫树下、建筑物北侧阴凉处。栽培容器选用14～20厘米口径花盆，清洗洁净后应用。盆土选用园土、细沙土、腐叶土各1/3，另加腐熟厩肥8%～10%。上盆后即摆放在半阴处，浇透水，保持盆土湿润，每天早晨或傍晚浇水，并喷水于叶片。浇水或喷水后检查有无积水，发现积水及时排除。生长期间每15～20天追肥1次，追用的肥水宜直接浇于盆内土表，勿溅于叶片或叶脉，如有发生应及时喷水清洗，否则易因肥而损伤叶片，严重时会引起全株腐烂。经常转盆。发现杂草及时薅除，发现黄枯叶及时剪除。

当自然气温低于15℃时，移至室内或封闭阳台光照较好处，停止追肥，盆土保持偏干。花期室温保持在15℃以上，最好能达到18℃。如有条件应进行人工辅助授粉，才能良好结实。冬季浇水、喷水所用之水应提前将自来水放到广口容器中，待水温与室温相近时再浇或喷水。供暖前及停止供暖后的两个低温时间段，应将植株连同花盆一同罩上塑料薄膜罩，保持盆土偏干，能不浇水尽可能不浇水，待供暖后或天气转暖后再浇，如果盆土过干，打开塑料薄膜罩浇水后及时罩好，摆放于光照充足场地，罩内能产生水蒸气相对较好。翌春自然气温稳定在15℃以上时移出室外，喷水洗净叶片、叶脉积尘，即可追肥。如植株众多显得拥挤时，应脱盆分栽。

45. 北方温室内栽培的玉黍万年青为什么只开花不结实？

答：不结实的因素是多方面的，如开花时没有昆虫授粉，室温过低，光照过弱，通风不良，前期供肥不足等。日常养护时应按时追肥，使土壤中含肥量充足，足够植株消耗的需求。室温在18～26℃之间，通风良好，置光照充足明亮、不直晒的场地。开花时进行人工辅助授粉，即用清洁的新毛笔将成熟的花粉蘸下涂抹在雌花的柱头上。花期盆土不宜过湿，保持干燥环境，喷水勿喷向花序，防止花瓣腐烂。花后追1～2次磷钾肥，即能结实。

46. 吊兰、南非吊兰、斑心吊兰、金边吊兰等栽培方法相同吗？

答：吊兰类适应性强，栽培容易，是广大群众及花卉栽培爱好者喜栽乐养的观叶花卉之一。栽培方法基本相同，没有多大差别。栽培容器可依据需要或个人爱好而定，但作为栽培，多选用口径10～20厘米瓦盆或适当口径的营养钵。栽培土壤选用普通园土、腐叶土各50%，或细沙土、腐叶土各50%，或普通园土、细沙土、腐叶土各1/3，另加腐熟厩肥10%～15%，应用腐熟禽类粪肥、腐熟饼肥、颗粒或粉末粪肥时为6%～8%，翻拌均匀，经充分晾晒后即可应用。上盆后置温室半阴处的花架上或按方摆放，遮光50%～60%，浇透水保持盆土湿润。炎热夏季多浇水或每日喷水1次。按方摆放苗盆，每月余挪动一次，以免走茎上的小植株扎根于地下。每20～30天追肥1次，应用无机肥时对水成浓度3%浇灌，浇肥水要直接浇于盆内土表，勿溅于叶片，如不慎溅于叶片应及时喷水清洗，以免伤及叶片。随时薅除杂草，剪除枯叶黄叶。冬季停止追肥，保持盆土偏干。翌春脱盆换土。

47. 家里怎样栽培吊兰？

答：楼房的四个朝向阳台，平房小院均能栽培吊兰。多数是挂于半阴处，或摆放在花架、阳台护栏台面、衣柜顶上，走茎垂于一侧，自然、潇洒、飘逸，为家庭栽培的良好观叶盆花。家庭条件栽培吊兰可选用口径10～20厘米深筒花盆或带提手的塑料花盆，为求其高雅，也可选用瓷盆、陶盆、紫砂盆等。栽培土壤可用普通园土、普通沙壤园土，均能正常生长，但为栽培养护方便，最常用的土壤为普通园土、细沙土、腐叶土各1/3；或普通园土、腐叶土各50%；或细沙土、腐叶土各50%。近来为搬动轻便，用蛭石、碎树皮、腐殖土各1/3代替栽培土效果也好。另加腐熟厩肥10%～15%，应用腐熟禽类粪肥、腐熟饼肥、颗粒粪肥为6%～8%，应用市场小包装肥料按说明施用。吊兰类肉质根肥大，栽植时先将盆底孔用塑料纱网或碎瓦片垫好后，少量垫一层栽培土即可栽植，应用瓷盆、陶盆等高密度材质盆时，垫好底孔后垫1层陶粒，约4～8厘米厚，然后填栽培土栽植，透气性更好。夏季每天早晨或傍晚浇水，同时喷水增加小环境湿度，每20～30天追肥1次，可浇施也可埋施，并随时薅除杂草，摘除枯叶。霜前移入室内或封闭阳台光照充足场地，减少浇水量及浇水次数，保持土表不干不浇。室温过低、光照不足、通风不良更应少浇，供暖前、停止供暖后两个时间段，盆土偏干即能安全度过。冬季浇水、喷水时，水温应与室温相近，温差过大，易产生黄叶，但在光照充足时发生率较低。翌春自然气温不低于15℃时移至室外，摘除枯叶，将盆内清理干净，喷水洗净积尘，适应一段时间即可脱盆换土或开始追肥。

48. 栽培的吊兰叶片出现黄尖是什么原因？怎样才能不出现这种现象？

答：吊兰出现叶片先端枯黄或干枯的情况多出现在敞开阳台或庭院室外栽培苗。原因很多，但最常见有直射光过强，空气湿度不足，盆土过干所致。夏季移至半阴通风良好场地，每天向叶片喷水，保持盆土湿润即不会发生这种现象了。

49. 今年夏天，朋友将他在蔬菜大棚内栽培的吊兰送给我一盆。带回家吊在房檐下，结果很多叶片向外下折，但未断下来，并变成干黄锈色，是什么原因？

答：这种现象在很多花卉中均会发生，这是因为吊兰在大棚内长时间在光照较弱、相对空气湿度较大、土壤含水量充足、通风较差环境中生长，其体内含水量多，移至直晒光下，相对空气湿度较低，又大量通风，植株体内水分迅速被蒸发消耗，而造成叶片萎蔫下垂，这种情况多数叶脉折断，无法再恢复良好形态。叶片变为枯黄，多数是日灼造成的伤害。应在带回后，置半阴条件下，开始勤喷水，保持盆土湿润，以后逐步移向光照较强、相对空气湿度较低的场地，就能适应新环境，不会或少量发生上述现象。已经发生这种现象，应原地不动，由折断处剪除折断的叶片。按时浇水追肥，再发生新叶即能适应新环境，恢复健康生长，恢复良好形态。

50. 在北方怎样用容器栽培吉祥草？

答：吉祥草在南方各地能露地栽培，在北方则为温室花卉。喜半阴，不耐直晒，喜湿润不耐干旱，需要遮阳50%～75%，夏季在浓荫下长势良好。栽培容器可选用口径10～20厘米花盆，在瓷盆、陶盆、塑料盆等高密度材质花盆中能良好生长。作为栽培，多选用瓦盆或营养钵。栽培土选用普通园土50%、细沙土20%、腐叶土30%，另加腐熟厩肥8%～10%。应用高密度材质花盆时，栽培土应为园土20%、细沙土20%、腐叶土60%，另加腐熟厩肥8%～10%。上盆后置备好的场地，浇透水，保持盆土湿润，如有条件每天喷水1～2次。夏天气温高于25℃时，开窗通风。生长期间每20～30天追肥1次。随时薅除杂草，摘除枯叶。冬季室温不低于5℃即能安全越冬。

51. 在阳台上怎样栽培吉祥草？

答：四个朝向阳台及平房小院，只要有半阴环境均能栽培。南向阳台摆放在阳台内窗台上或花架上，也可遮光栽培；东向阳台可直接摆放于阳台面上；西向阳台需要遮光；北向阳台需要通风良好，有较好的散射光或早晚有直射光照。花盆可选用10～20厘米口径瓦盆或瓷盆、陶盆、硬塑料盆等。应用瓦盆时，栽培土为普通园土50%、细沙土20%、腐叶土30%，另加腐熟厩肥8%～10%，应用腐熟禽类粪肥、腐熟饼肥、颗粒粪肥时为5%～6%；应用高密度材质花盆时，栽培土为普通园土、细沙土、腐叶土各1/3；或普通园土、腐叶土各50%，另加肥料相同。盆底垫3～4厘米厚的陶粒或腐叶土粗料（筛出的较大块残渣），盆底垫接水盘，摆放于半阴场地，浇透水，保持盆土湿润或稍偏湿。自然气温20℃以上时，每天早晨或傍晚在浇水同时向叶片喷水。生长期间勤转盆，随时薅除杂草。每20～30天追液肥1次，应用市场小包装肥时按说明施用。自然气温下降至8℃前，移至室内光照充足处，仍需按时浇水保持不过干。供暖前、停止供暖后两个低温时间段，少浇水即能安全度过。冬季室温最好不低于5℃，长时间低温、盆土过湿、光照不足，会引发烂根，在光照充足条件下，很少发生。翌春自然气温稳定于12℃以上时，移至敞开阳台或庭院屋檐下阳光不直晒场地栽培。株丛拥挤时或2～3年脱盆换土1次。

52. 绿地选用丹麦草做草坪应怎样施工？

答：丹麦草为麦冬草类中的一个种，耐旱、耐寒，稍耐贫瘠，在普通壤土中即能良好生长。在北方四季常绿，既能露地栽培，又能容器栽培，为良好的草地植物，也是盆栽观叶花卉。

(1) 平整翻耕栽植用地：

先了解有无地下设施，并确认其位置、埋设深度，做好标记，平整翻耕时避免损坏。将场地内杂草、砖瓦石砾等杂物清出场外，并做妥善处理。如在绿地中需要增设或改建地下设施时，应在翻耕前实施。施工的沟在回填土时宜分层夯实，必要时灌水沉实，以防雨后下陷。栽植场地翻耕深度不小于20厘米。土壤中杂物过多时应过筛或更换新土，客土最好为疏松肥沃的普通园土或沙壤园土。客土如果用建筑物挖地基时挖出的深层土壤，除应过筛外，还需增加基肥用量。场地平整后每亩施入腐熟厩肥3000～3500千克，均匀翻耕在20厘米深的土壤中，整体耙平稍压实。如果面积较大，多叠埂分畦。

(2) 栽植：

分苗时将苗的叶片剪除1/2左右，按单株或2～3株丛分离，并将小块根除去。在平整好的畦内按8～10厘米株行距掘穴栽植。栽植时将单株苗与丛株苗分块栽植，以避免疏密不均。栽植方法为一手握苗，一手握苗铲插入土壤向前或后用力铡出一条横缝，将苗的根系置入横缝内，扶正，四周压实、刮平，刮平时宜照顾整体，以便浇水均匀。

(3) 浇水：

栽植后即行浇透水。浇水时将畦内进水口处垫一块草垫，使水透过草垫渗下，通过草垫减低水压以防将畦土冲向其他地方，造成坑洼，甚至将小苗冲出土外。2～3天后再次浇水，以后保持土表不干不浇。待小苗新生叶发生后，土表稍干时，用挠子（用直径4毫米即8号镀锌铁丝自行弯制的小工具）做一次浅中耕，实际也起蹲苗作用，3～5天后再次浇透水。以后保持不干不浇水。冻土前浇越冬水越冬。翌春浇返青水，复壮养护。

(4) 中耕除草：

苗期土壤板结时进行浅中耕松土，并结合中耕进行除草。杂草在适温、适湿环境中随时均有发生，俗话说：一场雨、一场草，浇一次透水一场草，故应随时薅除，杂草不但与栽培作物争夺土壤中养分、水分，还遮挡阳光，影响土温，除草是重要的养护工作之一。

(5) 其它养护：

土壤过于贫瘠时追肥。薅除杂草时一并将枯叶剪除，发现落叶或垃圾及时清除，保持草地清洁干净。过于拥挤时掘苗分栽。

53. 怎样用容器栽培书带草？绿色书带草与斑叶书带草栽培方法相同吗？

答：书带草为阔叶麦冬草的别称，其块根可作麦冬入药。斑叶书带草又称银边书带草，为书带草的变种，两者栽培养护方法没有大的区别。

(1) 容器选择：

栽培容器多选用18～20厘米口径深筒瓦盆。书带草不忌盆，也可选用瓷盆、陶盆、硬塑料盆等。作为生产可选用畦地养苗，成苗后上盆，不但生长速度快，还能节省温室用地。花盆宜洁净没有污渍。

(2) 栽培土壤：

选用普通园土40%、细沙土30%、腐叶土30%，另加腐熟厩肥8%～10%，应用腐熟禽类粪肥、腐熟饼肥、颗粒或粉末粪肥时为6%左右；选用高密度材质盆时，为普通园土20%、细沙土30%、腐叶土50%，另加肥不变，上盆时还需在盆底加一层陶粒，以便加强排水。无论选用哪种栽培土壤，均需翻拌均匀，经充分晾晒灭虫、灭菌后应用。

(3) 栽植：

畦地栽培苗于春季掘苗，并将宿留的杂物清理洁净后上盆。容器栽培苗于春季至夏季脱盆除去宿土，剪除枯叶，除去部分小块根后，依据需要将其分成数丛，栽植于备好的盆中。栽植时最好每盆栽植3～4丛，并拉开间距。瓦盆可直接栽植，高密度材质盆垫好底孔后，垫一层厚3～6厘米的陶粒或筛过腐叶土的粗料，也可选用木屑或碎树皮以便排水。

(4) 摆放：

无论是在露地阴棚下或温室内，均与其它花卉摆放方法相同，先规划出来方，并做好标记，然后按方摆放。

(5) 浇水：

摆放好后即可浇透水，并喷水冲洗栽植时不慎沾上的灰土。土表见干时再次浇水。保持盆土湿润，不积水不过干，雨季及时排水。冬季保持偏干，不干不浇水。

(6) 中耕除草：

雨后、肥后、土表板结时中耕并结合除草。杂草时有发生，随发现随薅除。

(7) 追肥：

生长期间每月余追肥1次，花前追施1～2次磷钾肥有利于开花结实，且茎叶挺拔。浇施时浇壶嘴靠近盆口，使肥水直接流入盆内，勿溅于叶片，因株丛较密，不易清洗。埋施时，将盆内沿盆壁掘开一条小沟，将肥料撒入沟内，原土回填后，即行浇水。

(8) 冬季养护：

霜前将盆内杂物、杂草、枯叶清理洁净，将盆壁污渍刷除后移至温室或冷室内。冬季室温最好不低于5℃，保持盆土偏干，尽可能有充足光照。翌春自然气温稳定于12℃以上时，加大通风量，使其适应室外环境后移出温室，脱盆换土或开始追肥，作复壮栽培。

54. 在北方怎样露地畦栽麦冬草及书带草？

答：北方露地栽培麦冬草及书带草多用于绿化布置。北方露地栽培小苗或繁殖丛生苗，不论生长速度或繁殖量，均不如由南方引进苗造价经济。如果自繁、自养、自用还是方便的。于春季选通风、光照、排水良好场地进行翻耕叠畦，并施入腐熟厩肥，每亩3000～3500千克，翻耕深度不小于25厘米。按规划叠垄沟及栽植畦，畦的长宽按实际情形而定，习惯上畦宽1～1.2米，长6米左右，畦埂踏实后高10～15厘米，宽25～30厘米。畦内耙平后，按25～30厘米株行距栽植，随栽植随耙平，栽植完后即行浇透水，保持土表湿润。新芽发生后减少浇水，进行中耕，不过于干旱不浇水。40～60天追肥1次，肥后结合除草中耕，并随时剪除黄叶。入秋浇越冬水。冬季麦冬草为常绿；书带草耐寒性差些，地上部分枯死。翌春化冻后摘除黄叶，浇返青水复壮栽培，或掘苗上盆。

55. 怎样用容器栽培麦冬草？

答：于春至夏季选用口径16～20厘米花盆。盆土为普通园土、细沙土、腐叶土各1/3，再加腐熟厩肥8%～10%翻拌均匀，经充分晾晒后上盆栽植。置半阴或早晚有直晒光照场地，摆放整齐后即行浇透水，保持盆土湿润，不积水不过干。随时薅除杂草，摘除枯叶。每20～30天追肥1次。炎热天气每天喷水1～2次，喷水时连同场地四周喷湿。夏季结合场地除草倒换场地1～2次。入秋移入冷室、冷窖越冬。翌春化冻后出房复壮栽培。株丛拥挤时或3～4年脱盆换土1次。

56. 沿阶草类怎样用容器栽培？

答：沿阶草类耐寒性比麦冬草弱一些，北方多作盆栽。露地栽培，在背风向阳的地方能越冬，但地上部分枯死，地下潜伏芽第二年春季仍能发芽。实际上等于常绿变宿根。斑叶类耐寒力更差。

(1) 栽培容器选择：

依据用途可选择口径10～20厘米花盆，但最常见以18～20厘米为多。选用通透性好的瓦盆、木盆、白砂盆、红泥盆，高密度材质盆如瓷盆、陶盆、硬塑料盆均能应用，作为生产栽培也可选用营养钵。容器应用前必须冲洗洁净。

(2) 土壤选择：

盆土选用普通园土、细沙土、腐叶土各1/3，另加腐熟厩肥8%～10%。应用高密度材质花盆时，为普通园土20%、细沙土40%、腐叶土40%，另加腐熟厩肥6%～8%，还应在盆底铺一层陶粒或碎树皮、木屑等有利排水材料。

(3) 栽植：

于春至夏季畦地栽培苗掘苗、容器栽培苗脱盆，除去宿土，按需要的丛株分开，摘除枯黄叶片及部分小块根后栽植。

(4) 摆放：

将栽培场地平整好，场地内杂物清出场外。规划出运输通道、操作通道，摆放成方。

(5) 浇水：

摆放好后即行浇透水，以后保持盆土湿润。新芽发生后保持土表不干不浇水。雨季及时排水。

(6) 其它养护管理：

随时薅除杂草。浇水后如发现有积水，及时找出原因，加以排除。每月余追肥1次。霜前移入温室或冷室，室温最好不低于6℃，冬季盆土保持偏干。室内要有较明亮光照，并保持通风良好。翌春室外化冻后，移至原场地栽培。丛株在盆内拥挤时，脱盆结合分株换土。

57. 怎样在阳台上栽培麦冬草及沿阶草？

答：麦冬草、沿阶草在四个朝向阳台均能栽培，但西向阳台最好能遮光；北向阳台要求通风良好，早晚有直射光照更好。春季当室外自然气温12℃以上时移至室外，喷水洗净积尘，并浇一次透水。继续栽培植株可开始追肥1次。分株播种苗可于春季分栽。栽培容器依据用途及爱好选用10～20厘米口径深筒花盆，可选用瓦盆，也可选用高密度材质花盆。盆土选用普通园土、细沙土、腐叶土各1/3，另加腐熟厩肥8%～10%，翻拌均匀，经充分晾晒、灭虫灭菌后上盆；应用高密度材质容器时，为增加通透性及排水性，最好在盆底垫一层陶粒、木屑、树皮或腐叶土粗料。摆放于阳台内半阴处或早晚有直射光照处，盆底垫接水盘，浇透水保持盆土湿润。夏季浇水最好在早晨或傍晚，避开炎热中午。浇水同时向株丛喷水，以增加小环境空气湿度。每月余追肥1次，小盆栽每10～15天1次，以利开花结实。随时薅除杂草，摘除枯叶。盆土土表板结、肥后、雨后中耕松土，保持土表通透。每5～7天转盆1次，使其均匀受光。霜前移入室内，盆土保持偏干。供暖前、停止供暖后两个低温时间段不必特别防护即能安全度过，但需控制浇水，保持土表不干不浇水。对光照要求不严，在光照充足或散射光条件下均能适应，但要求通风良好。过于阴蔽易罹病虫害。最好每隔2～3天喷水1次。翌春气温转暖后，移至阳台复壮栽培。

58. 怎样栽培好虎眼万年青？

答：虎眼万年青为常见栽培的小盆花，叶色鲜绿如带，花梗坚长挺拔，小花白中有绿，清新淡雅。栽培虎眼万年青，通常选用10～16厘米口径花盆，苗期可选用口径4～8厘米小盆，不忌盆，普通瓦盆、高密度材质瓷盆、硬塑料盆均能适应。栽培土选用普通园土20%、细沙土50%、腐叶土30%，另加腐熟厩肥8%～10%，应用腐熟禽类粪肥、腐熟饼肥、颗粒粪肥应为6%左右，翻拌均匀，经充分晾晒后即可应用。掘苗上盆或脱盆换土时，小心勿损伤叶片。据多次实验，在直晒光下、温室内、浓荫树下，瓜棚花架下，只要空气不过干，均能良好生长，在温室花架上比在室外长势快，色泽好，叶片先端不枯干，叶片也长，发生子球率低于室外。栽培中保持盆土湿润，盆土过干，叶片先端产生干枯。生长季节每15～20天追肥1次。经常转盆，随时薅除杂草。每天向叶片喷水1～2次，栽培场地湿润，能使叶片伸长。夏季在温室中常温下生长，未见有伤害，在室温15～24℃环境生长最快，10℃停止生长，越冬室温最好不低于6℃，冬季盆土保持略干些。高于25℃开窗通风。每3～4年脱盆换土1次。

59. 怎样用容器栽培绵枣儿？

答：绵枣儿生长期短，为夏眠球根花卉。容器栽培常用口径10～18厘米花盆。栽植前将容器刷洗洁净，可选用瓦盆也可选用瓷盆、硬塑料盆等。盆土选用园土20%、细沙土30%、腐叶土50%，目前也有用蛭石、细沙土、腐殖土栽植的，效果也好。应用高密度材质花盆，盆底垫一层陶粒、木屑或粉碎的树枝、树皮，以利加强通透、排水良好。秋季冻土前上盆，上盆时先将预备好的花盆垫好底孔，装填栽培土至1/2～2/3处，刮平压实，将球茎放在土面上，稍下压，依据盆的大小放1～4球，然后填土至留水口处，填土时应保持球茎直立不移位。摆放于冷室、阳畦或弓子棚中，浇透水保持盆土湿润，盖塑料薄膜，自然气温低于0℃时，再盖草帘或蒲席，晴好天气掀除草帘，雨、雪、风天不掀。随时可移入温室作促成栽培。常规栽培，冬季盆土过干时应补充浇水，浇水应在中午。翌春新芽萌动时，开始追肥，每10～15天1次，追肥可用浇施也可埋施，也可应用无机肥，无机肥浇施量通常对水成浓度2%～3%，特别是花后追无机肥，对鳞茎膨大有利，花期停肥，但需保持盆土湿润。随时薅除杂草。花后叶片枯黄时，停止浇水，带盆码放在室内干燥场地，也可脱盆将鳞茎取出，除去泥土，置球根贮藏箱内，收藏于球根贮藏室中，室温最好在10～16℃，贮藏期间勤开窗，加强通风，发现伤病球取出，集中烧毁。秋季再重新种植。

60. 绿地疏林下如何栽植绵枣儿？

答：绿地布置绵枣儿，应于秋季翻耕栽植地，每亩施入腐熟厩肥3000～3500千克，应用腐熟禽类粪肥、腐熟饼肥、颗粒粪肥时为2000～2500千克，翻耕深度不小于25厘米，耙平压实后分畦。栽植株行距为25厘米，覆土5厘米左右，如果有条件覆土选用腐叶土或腐殖土，则更易使种球发芽。浇透水后保持土表不过干。冻土前浇一次越冬水。翌春化冻后浇返青水，最好能追1次肥水。花期保持湿润，花后期开始追肥，10天左右再追1次。地上部分黄枯后剪除。保持场地不积水，翌春仍能发芽生长开花。3～4年掘苗分栽1次。

61. 绵枣儿如何促成栽培？

答：绵枣儿促成栽培多选用容器苗，将阳畦、冷室、小弓子棚栽植好的苗带盆移入温室光照、通风良好场地，夜间不低于12℃，白天20℃左右，通常20～25天即可现蕾开花，促花期间，新芽萌动时浇液肥1次，保持盆土湿润。花蕾出现后即供应市场。

62. 怎样用容器栽培西非白纹草？

答：西非白纹草形态四向铺散、叶色鲜绿，端庄不失潇洒，文雅娇艳，为小盆栽良好观叶花卉。常用口径16～20厘米花盆栽植。栽培土常用园土20%、细沙土40%、腐叶土40%，另加腐熟厩肥8%左右，翻拌均匀，经充分暴晒灭虫灭菌后上盆。置温室内半阴场地，浇透水后保持湿润，室温20℃以上时保持偏湿，最好用喷水，补充土壤水分同时增加空气湿度。夏季在简易温室内长势良好，入秋后室温低于12℃，叶片萎蔫、变黄，而后枯干，剪除地上部分，保持室温10℃以上，盆土偏干。翌春气温回升至20℃左右，即可发芽出新苗，此时脱盆换土或追肥促进生长，追肥宜每隔20天左右1次，即能良好生长。

63. 怎样栽培好紫海葱这种小鳞茎花卉？

答：紫海葱又称斑叶兰，是一种小型观叶花卉，通常3～5株簇生，叶面绿色带有银白色斑点，叶背紫红色，小巧雅致，色泽艳丽，清秀优美，为广大花卉栽培者所喜爱。栽培容器选用8～12厘米口径花盆，不忌盆的材质，瓦盆、瓷盆、硬塑料盆均能栽培。盆土选用普通园土30%、细沙土40%、腐叶土30%，另加腐熟厩肥10%；选用微型盆栽时，盆土应为普通园土，加腐熟厩肥10%左右，不加细沙土及腐叶土。加肥为腐熟禽类粪肥、腐熟饼肥、颗粒或粉末粪肥时，为6%～8%，拌均匀，经充分暴晒后即可应用。上盆后置半阴处即行浇透水，保持盆土湿润。炎热夏季除浇水外，还应每天喷水1～2次，保持场地小气候相对潮湿。生长期间每15～20天追液肥1次。随时薅除杂草，摘除枯叶。夏季在简易温室有遮光、通风良好的环境下，长势良好，自然气温高达34℃未见伤害。冬季室温最好不低于12℃，能忍受短时6℃低温，室温高于25℃开窗通风，盆土保持稍干。每2～3年在春夏间脱盆换土1次。

64. 家庭环境怎样栽培紫海葱？

答：家中的东、西、南、北四个朝向阳台，平房小院，只要有半阴环境均能栽培。通常于春至夏结合换土进行分株。栽培容器可选用8～12厘米口径花盆，也可作微型盆栽。栽培土壤选用普通园土30%、细沙土40%、腐叶土30%，另加腐熟厩肥8%～10%，使用腐熟禽类粪肥、腐熟饼肥、颗粒或粉末粪肥为6%左右，翻拌均匀，经充分暴晒、灭虫灭菌后应用。栽植时应将小鳞茎露出土表外，四周压实，将盆放置在沙盘、沙箱上，或放在接水盘上，并罩塑料薄膜。或在阳台或庭院内建立小型栽培箱，栽培箱的大小、高矮可依据需要和场地大小而定，结构材料多选用木材、塑料、钢材等，覆面选用塑料薄膜或玻璃，也可用空水族箱栽培。夏季除遮阴外，宜充分浇水，保持盆土偏湿，小环境空气湿度相对较高。自然气温低于10℃时，连同沙盘或小栽培箱移至室内光照较好处，室温不低于12℃，盆土可偏干一些，但不能过干，过干会引发叶片先端干枯，一旦干枯只能将干枯部分剪除，不能原样恢复。

65. 疏林下规划片植知母，应怎样施工？

答：知母为北方的乡土植物，耐半阴，在疏林下布置成小植被，能良好生长。喜富含腐殖质的沙壤土，在普通园土中也能生长。栽植前先规划好片植的范围，并做好标记，进行栽植场地翻耕，如土壤中砖石杂物过多，应过筛或更换新土，更换的客土应为疏松肥沃的园土，清出的杂物运出场外或就地深埋。并施入腐熟厩肥每亩3000～3500千克，翻耕深度不小于25厘米，按线叠埂，面积大时，为便于浇水，还要分畦。于春季新芽萌动时，按15～20厘米行距栽植，栽植后即行浇透水，水渗下后将因压实不均而下陷的地方用原土填平，隔2～3天第二次浇水，新芽出土并开始生长后，不干不浇水，不必追肥。勤中耕，薅除杂草，随时清理场内杂物。霜后或翌春将地上枯干部分剪除，浇返青水，可多年不特别养护，仍能良好生长。

66. 知母能用容器栽培吗？

答：知母适应性强，容器栽培可选用口径18～20厘米高筒花盆。盆土可选用细沙土、腐叶土各50%，翻拌均匀，充分晾晒，灭虫灭菌后，于春季新芽萌动时上盆。置树荫下或直晒光不太强烈的场地，浇透水后保持湿润，不过干不积水，月余追肥1次，应用无机肥时应对水成浓度2%～3%。保持盆内清洁无杂草杂物，随时摘除枯叶。入秋后将地上部分剪除，脱盆栽于露地，浇透水越冬，也可带盆置于阳畦、小弓子棚、冷室等处或壅土越冬。

67. 沙鱼掌、元宝掌等栽培方法相同吗？

答：沙鱼掌、厚舌掌、孔雀扇、元宝掌这些小型多浆多肉观叶花卉，栽培方法基本相同，差异不大，适应性强，便于小盆栽培。一般情况下多选用口径10～16厘米高筒瓦盆，盆土多选用普通园土30%、细沙土30%、腐叶土或腐殖土40%，另加腐熟厩肥8%～10%，应用瓷盆、陶盆、石盆、硬塑料盆时应为粗沙（建筑沙）50%、园土20%、腐叶土或腐殖土30%，翻拌均匀，经充分晾晒、灭虫灭菌后应用。有人用细沙土、蛭石、腐叶土各1/3，另加肥不变，效果也好，但因基质疏松，稳固性不如前者。栽植时将根系埋于土中，叶片全部露出土表以外，四周压实，置半阴场地的花架上，浇透水后保持湿润。夏季每天浇水1次，高温季节向场地四周喷水降温，并增加小环境空气湿度，每15～20天追肥1次，保持通风良好。光照过弱、通风不良、盆土长时间过湿、室温较低，均会导致烂根。有时会出现根烂掉而株不死，如果出现这种现象，应使用消毒后的利刀将腐烂部分切除，要见新茬，伤口涂抹新烧制的草木灰、木炭粉或硫磺粉后置干燥处，待伤口干燥后，浮摆在栽培土上，使土壤稍有湿气即能很好生根。这类小盆花，夏季在温室内遮光条件下长势良好，冬季室温不应低于10℃，并保持盆土偏干。每2～3年脱盆换土1次。

68. 沙鱼掌、元宝掌等在阳台上如何栽培？

答：沙鱼掌等在阳台上栽培方法相同。喜充足明亮、不直晒光照，南向、东向、西向阳台均能栽培，北向阳台光照不足，不能良好生长。南向阳台有防雨罩的可直接摆放在阳台面上，或摆放在阳台内窗台上，或花架上；东向阳台因上午光照较强，下午较弱，可摆放在阳台面上；西向阳台最好能在中午及下午遮光。栽植时选择10～16厘米口径花盆。栽培土可选用普通园土30%、细沙土30%、腐叶土或腐殖土40%，另加腐熟厩肥8%～10%，或粗沙土、蛭石、腐叶土各1/3，另加肥不变。栽植时将根系埋于土中，肉质叶露于土表外，摆放时盆底放一个接水盘，摆好后即行浇透水。夏季保持盆土湿润，每15～20天追液肥1次，应用无机肥，对水成浓度2%～3%浇灌，应用市场供应的小包装肥时，按说明施用，但应以促叶肥为主。浇水均需在早晨或傍晚。随时薅除杂草，土表板结时松土。室外自然气温低于10℃或霜前，移入室内光照充足处，保持盆土偏干，经常转盆。浇水、喷水所用之水，需先将自来水放至广口容器中，待水温与室温相近时再用。翌春自然气温稳定于15℃以上时，移至阳台栽培。

69. 厚叶莲花掌、水晶荷花怎样栽培？

答：厚叶莲花掌、水晶荷花栽培方法基本相同。喜半阴环境，不耐强光直晒，也不耐阴。光照过强，叶色暗淡，常带暗灰色；光照过弱、通风不良、土温过低、土壤过湿会导致烂根，甚至全株死亡。栽培容器最好选用口径10厘米左右小高筒盆，应用高密度材质盆应控制浇水，并应注意光照、温度的调节。栽培土壤常见为普通园土30%、细沙土40%、腐叶土30%；或粗沙土60%、腐叶土40%，另加腐熟厩肥8%～10%，翻拌均匀，经充分晾晒或高温消毒灭菌后应用。应用瓦盆上盆时，可直接用前一种土壤直接栽植，应用高密度材质盆，应用后一种栽培土，如果用前一种土壤，应在盆内底部垫一层陶粒，以利土壤通透及排水。栽植时将根系埋好后四周压实，摆放于备好的花架上，浇透水。恢复生长后，夏季保持润而不湿，也不必过多喷水。每隔15～20天追肥1次，可浇施也可埋施，浇施宜选用浇壶，壶嘴靠近盆口将肥料直接浇于土表，勿溅于叶片，特别是别流入叶腋，容易因肥造成腐烂。应用无机肥通常对水成浓度2%～3%，不宜浓，待肥水渗入土壤后，喷水洗叶。土表板结时松土。随时薅除杂草。夏季在简易温室遮光、通风良好环境中生长良好。冬季在盆土偏干、光照充足的情况下，能耐6℃低温，但最好不低于12℃。光照充足，盆土偏干，高于25℃时晴好天气开窗通风。每2～3年脱盆换土1次。

70. 家庭条件怎样栽培厚叶莲花掌及水晶莲花？

答：平房小院、楼房南、东、西向阳台均能栽培，北向阳台因光照不足不能良好生长。厚叶莲花掌、水晶荷花植株矮小，玲珑剔透，为家庭养花首选。通常选用口径10厘米左右高筒瓦盆（仙人掌筒）或小瓷盆、陶盆、硬塑料盆。栽培土壤为普通园土30%、细沙土40%、腐叶土或腐殖土30%，另加腐熟厩肥8%～10%，应用瓷盆、硬塑料盆时，栽培土壤为粗沙（建筑沙）60%、园土10%、腐叶土30%，加肥不变，翻拌均匀，经充分晾晒、灭虫灭菌后应用。上盆后置小院窗台、明台、瓜棚、葡萄架下或小栽培箱内，楼房摆放在半阴处，也可摆放在小栽培箱内。早晨或傍晚浇水，保持盆土见湿见干。生长期间每15～20天追肥1次，室温低于15℃停肥，浇肥水宜注意勿将肥水溅于叶片或流入叶腋，肥水渗入土壤后，喷水冲洗。经常转盆，随时薅除杂草。自然气温低于15℃时，移至室内光照充足场地，盆土保持偏干。供暖前、停止供暖后两个低温时间段，在盆土偏干情况下能安全度过。室内栽培阶段，浇水、喷水均应先将自来水放入广口容器中，待水温与室温相近时再浇或喷。冬季光照不足、室温过低、盆土过湿、通风不良，均会导致烂根，甚至全株死亡。

71. 怎样养好象脚掌？

答：象脚掌喜半阴，不耐阳光直晒，喜温暖，不耐寒，喜湿润不耐水湿，稍能耐干旱。温室内栽培通常选用口径10厘米以下高筒瓦盆，为求其高雅，也可选用瓷盆、石盆、陶盆等高密度材质花盆。应用瓦盆时，栽培土选用普通园土20%、细沙土50%、腐叶土30%，另加腐熟厩肥8%左右，用腐熟禽类粪肥、腐熟饼肥、颗粒粪肥时为6%左右；应用高密度材质盆时的栽培土为粗沙土70%、腐叶土或腐殖土30%，加肥量不变；或蛭石、细沙土、腐叶土各1/3，加入肥料不变。上盆时，将根系埋入土壤或基质中，叶片露于土外，置温室内备好的花架上，遮光50%左右，光照过强叶色暗淡。浇透水，夏季浇水也不要太多，保持盆土润而不湿，高温干旱天气向场地四周喷水，保持良好通风。冬季要求良好光照，盆土偏干，室温不能低于15℃，盆土长时间过湿，室温过低，会导致烂根而死亡。每栽培2～3年脱盆换土1次。应用蛭石掺入土壤时，容易致密而产生下陷，应脱盆增加土壤或换土，换土后不能当时浇水，过2～3天后再浇水。

72. 家庭条件怎样栽培象脚掌？

答：象脚掌不耐低温，对低温很敏感，室温低于12℃，光照不足，盆土过湿时，很可能会受到伤害。平房中只有北房冬季能良好生长，其它朝向因光照不足，不能良好生长。楼房阳台除北向阳台外，其它3个朝向均能栽培。栽培容器多选用口径10厘米以下高筒小花盆。盆土选用普通园土20%、细沙土50%、腐叶土30%，另加腐熟厩肥8%左右。应用瓷盆、硬塑料盆，栽培土为粗沙土70%、腐叶土30%；或蛭石、细沙土或粗沙土、腐叶土或腐殖土各1/3左右，加肥不变，应用禽类粪肥、腐熟饼肥、颗粒或粉末粪肥时为6%左右。翻拌均匀，经充分暴晒、灭虫灭菌后应用。上盆后置通风良好的半阴处，并垫接水盘或沙盘、沙箱，如阳台内的窗台上、花架上，或封闭阳台通风、光照较好处，或水族箱内，平房小院放置在阳光不直晒、不受雨淋的窗台、明台上。第一次浇透水后，土表不干不浇水。炎热夏季向栽培场地四周喷水。随时薅除杂草。盆土板结时浅松土，勤转盆。浇水最好在早晨或傍晚。每15～20天追肥1次，可浇施也可埋施，并应在傍晚进行。敞开阳台栽培苗，秋季自然气温降至15℃时，移至室内光照较好处，保持偏干，切勿过湿，如果能摆放在小栽培箱内或用玻璃罩罩上则更好。浇或喷用的水，温度应与室温相近。供暖前及停止供暖后两个低温时间段，保持宁干勿湿，能安全过冬。翌春自然气温稳定于20℃时，移至室外或留于封闭阳台栽培。

73. 条纹十二卷、星点十二卷、斑纹十二卷、宝塔十二卷、木锉掌栽培方法相同吗？

答：十二卷类为多浆多肉小盆花，栽培容器多选用8～12厘米口径高筒小瓦盆，也可选用瓷盆、陶盆、硬塑料盆等高密度材质花盆。栽培土选用普通园土20%、细沙土50%、腐叶土30%，另加腐熟厩肥8%左右，如应用腐熟禽类粪肥、腐熟饼肥、颗粒或粉末粪肥应在6%左右。应用高密度材质盆时，栽培土应用普通园土10%、粗沙土60%、腐叶土30%；或蛭石、粗沙土、腐叶土或腐殖土各1/3，另加肥料不变，翻拌均匀，经充分晾晒、灭虫灭菌后应用。上盆后摆放在温室内备好的花架上，遮去自然光30%～50%，在直晒或强光照下，叶色变暗，斑纹种斑纹不明显。浇透水后，保持盆土湿润。能耐高温，夏季在简易温室内未见停止生长。生长期间每隔20天左右追液肥1次，肥后喷水洗叶，喷水时将场地四周喷湿。土壤板结时松土，随时薅除杂草。冬季室温最好不低于12℃，能忍受短时6℃低温，室温高于25℃，开窗通风，盆土保持偏干，特别在室温较低时，更应宁干勿湿。栽培3～5年，结合分株脱盆换土。

74. 家庭条件怎样栽培好十二卷类小盆花？

答：家庭小院，东、西、南向阳台均能栽培，北向阳台光照不足，不能良好生长。对栽培容器及栽培土可参照上问栽培。于春季至夏季上盆栽植，置无直晒光照、光照充足明亮、通风良好处，盆底垫接水盘或沙盘、沙箱或置于小栽培箱内。栽植方法、栽培养护参照厚叶莲花掌。

75. 栽培的十二卷，春季换土时发现根全部腐烂，但植株无损是什么原因？

答：越冬栽培苗烂根原因很多，但主要为长时间光照不足、盆土温度过低、湿度过大、通风不良所造成。冬季应有充足光照，低温环境保持偏干，高温时加强通风，即不会烂根了。没有菌类危害，根部腐烂而植株不会腐烂。

76. 栽培的十二卷，发现叶片先端干枯，是什么原因？

答：十二卷类叶片先端干枯的主要原因有：盆土长时间过干，休眠时间过长，直晒光过强，相对空气湿度太低所引起的伤害。冬季保持盆土偏干，不能过干，土表见干时即应浇水，有条件时加玻璃罩或放置于小栽培箱内栽培。放置在充足明亮、通风良好、不直晒场地，浇水时将四周场地同时喷湿，即能防止或减少叶片先端干枯现象。

77. 单位绿地中规划种植一小片约十几平方米的藜芦，应怎样施工？

答：绿化种植藜芦方法如下。

(1) 定点放线：

按规划设计图用皮尺定点放线，确定栽植位置，并钉桩做好标记或直接撒灰线做标记。

(2) 平整翻耕场地：

于春季化冻后，将场地内杂草、杂物清出场外，并做妥善处理。在规划线处叠埂。埂内进行翻耕。土壤中砖瓦石砾过多时，应过筛或更换新土，筛出的杂物运出场外或就地深埋，深埋时应埋于自然地面以下1米左右，回填客土最好是疏松肥沃的园土，应用建筑物地基挖掘土，应增加有机肥的施用量，也可用腐叶土、刨花、粉碎的树枝树皮、木屑、锯末等代用。回填时应分层夯实，填满后最好再灌水夯实，以免栽植后产生下沉。如果遇有旧建筑物基础，应深掘拆除，最少应下掘40厘米，然后用客土回填。翻耕时施入腐熟厩肥每亩2500～3000千克，耙平并做成0.3%～0.5%排水坡度。

(3) 叠畦：

为便于浇水，通常一畦6平方米左右，故应将其分为2～3畦，畦埂（分畦垵）踏实后高10～15厘米，宽25～30厘米。杪畦埂时用耪或铁锹由两侧掘土，掘后畦内再次平整。

(4) 栽植：

按35～40厘米株行距掘穴栽植。栽植时新芽露于土外，四周压实，并平整畦面。

(5) 浇水：

栽植后即行浇透水，水渗下后将因压实不够产生的坑洼不平处用原土填平。土表见干时第二次浇水，保持土壤湿润。叶片放开后，不干不用再浇水。雨季及时排水。

(6) 后期养护：

土壤板结时中耕松土。生长期间追肥2～3次。随时薅除杂草。霜后叶片枯萎时，将地上部分剪除。上冻前浇越冬水。保持栽培场地干净整齐。翌春化冻后，浇返青水，作复壮栽培。

78. 绿地中建筑小品正在施工，预计6～7月才能栽植藜芦等宿根花卉，要求栽植后即见效果，前期应如何栽培准备？

答：要求栽植后即见效果，前期可选用容器栽培。于春季选用口径14～16厘米的营养钵。栽培土用普通园土70%、细沙土30%，或全为沙壤园土，另加腐熟厩肥10%左右。每盆1株，上盆后摆放于准备好的场地，浇透水，保持湿润，叶片放开后减少浇水，使盆土见干见湿。随时薅除杂草，保持盆内整齐干净。应用前浇1次透水，即可脱盆栽植于绿地。

79. 我是业余花卉栽培爱好者，想在阳台上栽培藜芦，请予指教。

答：在阳台上栽培藜芦，长势最好的应该是朝东方向，有半日直晒光的阳台。南向、西向阳台应适当遮光，北向阳台光照不足，生长不良。选用口径16～20厘米高筒花盆。盆土为普通园土、细沙土、腐叶土各1/3，或沙壤园土60%、腐叶土40%，另加腐熟厩肥10%左右，于春季上盆栽植。摆放在阳台面光照较好处，浇透水保持盆土湿润，每日早晨或傍晚浇水。夏季晴天炎热季节，中午遮光，并于浇水同时向场地四周喷水，增湿降温。随时薅除杂草，经常转盆，土表板结时松土。每15～20天追肥1次，可浇施也可埋施。应用无机肥时对水成浓度3%～4%，应用花卉市场供应的小包装肥时，按说明施用。霜后叶片枯干时，将地上部分剪除，浇透水，用泡沫塑料箱保护越冬。翌春化冻后，移置阳台原栽培处，发芽后追肥水及返青水，复壮栽培。每2～3年脱盆换土1次。

80. 马路两侧疏林草地怎样栽培布置黄精？

答：在绿地中栽植黄精方法如下。

(1) 整理场地：

将栽培场地内砖瓦石砾、杂草杂物等清除出场地。原土过筛，如土壤中杂物过多，应进行换土，客土应为疏松肥沃的园土，如应用建筑物地基挖掘出的土时，应增加腐叶土、碎树皮、锯末等，改良通透性后再用。耙平后施入腐熟厩肥，每亩2500～3000千克，应用腐熟禽类粪肥、腐熟饼肥、颗粒或粉末粪肥时为1000～1500千克。翻耕深度不小于25厘米，翻耕后按现场实际情况叠埂及分畦，再次耙平后即可栽植。

(2) 栽植：

于春季新芽萌动前掘苗，按20～25厘米株行距栽植。栽植时将根状茎横置，覆土5～10厘米，栽植好后再次耙平。

(3) 浇水：

栽植好后即行浇透水。浇水时畦地进水口处垫一块草垫，将水浇在草垫上，通过减压后流入畦地，防止将土壤冲往它处，甚至将地下茎冲出土外。水渗下后，将压实不够造成下陷的坑坑洼洼用原土填平。土表见干后第二次浇水，保持畦土湿润。新叶展开后，土壤不过干不浇水，浇水过多，土壤长时间过湿，反而会引起倒伏。

(4) 后期养护：

随时薅除杂草。生长不过弱可不必追肥，也可追2～3次磷钾肥。雨后扶正倒伏苗，并及时排水。霜后剪除地上部分，将场地清理洁净。浇越冬水越冬。翌春化冻后，浇返青水，并追1次有机肥。

81. 怎样用容器栽培黄精?

答：黄精类多在绿地中作地被、花境等布置，很少应用容器栽培。如用容器栽培，应于春季新芽萌动前后，选用口径14～20厘米高筒花盆。盆土选用普通园土、细沙土、腐叶土各1/3，翻拌均匀，经充分暴晒，灭虫灭菌后即可应用。栽植每盆3～5苗，根状茎横置，四周压实，覆土3～5厘米，最后上下蹾实。盆土不宜过满，留有倒伏后填土扶正的余地。置准备好的栽培场地内，摆得不要太密，盆与盆间留10厘米左右通风空间，或暂时盆挨盆，植株长大显得拥挤时再拉开间距（工程用苗可不拉间距），摆放应成方成块，横平竖直，高矮有序，摆放整齐后即行浇水，第一次浇水后保持盆土湿润，2～3片叶伸展后，盆土不干不浇。雨后排水。生长期间随时薅除杂草，土表板结时浅松土。每20～25天追肥1次，追肥以磷钾肥为主，增强抗倒伏力。霜后将地上部分剪除，脱盆囤苗或带盆移入冷室、冷窖、阳畦、小弓子棚中浇透水或壅土越冬，翌春化冻后脱盆换土。

82. 在阳台上怎样栽培好黄精?

答：除北向阳台外，在其它朝向阳台均能良好生长。可选购口径20厘米左右的高筒瓦盆。盆土选用普通园土、细沙土、腐叶土各1/3，另加腐熟厩肥10%左右，应用腐熟禽类粪肥、腐熟饼肥、颗粒或粉末粪肥应为6%～8%。于春季将备好的花盆垫好底孔，填装栽培土为盆高的1/2左右，将根状茎均匀横埋于盆土中，再覆土3～5厘米，四周压实，使土表至盆口有4～6厘米空间。置阳台光照较好的场地浇透水，前期盆土保持湿润，浇水喷水应在早晨或傍晚，避开炎热中午，3～4片叶展开后减少浇水，保持见湿见干。随时薅除杂草，勤转盆，土表板结时浅松土。每隔20天左右追肥1次，应用无机肥时对水成浓度3%左右浇施，应用市场供应的小包装肥料，按说明施用。株高20厘米左右时，将盆内用栽培土填至留水口处，压实刮平，多施钾肥，即不会倒伏了。霜后剪除地上部分，装入塑料泡沫箱保护越冬。翌春脱盆换土或追肥后继续栽培。

83. 公路两旁杂木疏林下怎样成片栽植铃兰?

答：在绿地中栽植铃兰方法如下。

(1) 清理平整翻耕场地：

公路两旁绿地虽然已经栽植上树木，但树木大多是按坑换土栽植的，所以空地仍有大量建筑垃圾土，不适宜铃兰的生长。在栽植前，先将场地地上杂物杂草清理洁净，并做妥善处理，如果量不是很大，连同挖出的渣土一起采取就地深埋，深度以不影响树木栽植为准，习惯上在1米以下，深埋回填土除常规夯实外，还应向坑中放水以水夯实。平整完成后，定点放线，翻耕栽植用地，并做成0.5%～1%坡度，翻耕深度不应小于25厘米，并同时施入腐熟厩肥每平方米4～4.5千克，应用颗粒粪肥、腐熟禽类粪肥、腐熟饼肥为2～3千克，加腐叶土4～5千克，翻耕均匀后，外围耖叠畦埂，面积较大时，为浇水及养护方便，还应分块耖叠畦埂，埂高通常耙平压实后为15～20厘米，宽25～30厘米，如有条件先浇一次透水，水渗下后将坑洼不平的地方用原土填平。

(2) 栽植：

于春季新芽萌动时，待畦地呈黄墒状态时，按8～15厘米株行距栽植，覆土厚度2～3厘米，使芽的顶端露于土表外，耙平压实，再次浇透水。

(3) 浇水：

通过栽植前、栽植后两次浇水外，在新叶尚未展开前，畦土保持潮湿，待新叶展开后改为土表不干不浇。雨季及时排水。冻土前浇越冬水，翌春化冻后浇返青水。

(4) 追肥：

生长期间追肥1～2次，栽植当年雨季追肥1次，第二年春季化冻后及雨季各追肥1次。有人建议春季化冻后追肥，最好改为初冬冻土前，其实两者区别不大。

(5) 中耕除草：

通常中耕结合除草，浇水后、雨后杂草随时可发生，应随时薅除。

84. 怎样在平畦中栽培铃兰?

答：用平畦栽培铃兰方法如下。

(1) 平整栽培场地：

于春季化冻后，将栽培场地地面上的杂草杂物清理出场外，并做妥善处理。大面积栽培时，应将畦面做成0.3%～0.5%坡度，以利排水。

(2) 翻耕叠畦：

由一侧开始进行整体翻耕，翻耕深度不小于25厘米。每亩施入腐熟厩肥2500～3000千克，应用腐熟禽类粪肥、腐熟饼肥或颗粒粪肥时为1500～2000千克，并加入2500～3000千克腐叶土或腐殖土。撒均匀后耖叠畦埂，为节省肥料，也可先叠畦，在畦内施肥。习惯上畦宽1.2～1.5米，畦埂耙平踏实后高15～20厘米，宽25～30厘米。如选用垄沟浇水，垄沟宽30～40厘米，垄沟埂耙平踏实后高25～30厘米，顶部宽30厘米左右，沟底高于畦底，以水能顺畅流入畦内为准。畦埂耖叠好后，畦内再次耙平。

(3) 栽植：

按8～15厘米株行距栽植，栽植深度以新芽露出土表面为准，栽植时要将芽四周土壤压实。

(4) 遮光：

用直径10～12厘米木棍或5×5（厘米）木方或3×30×30～4×40×40（毫米）角钢或3～5厘米直径金属管等作立柱或顶部支撑架，柱间距2～2.5米，最大3米，埋入地下深度不小于30厘米，风大地区设三角支撑架或预埋横木，横木纵向为顺风向。顶部各架间用镀锌铁丝或专用卡子或细铁丝牢固固定，顶部上再覆一层塑料遮阳网，也可用荻帘、苇帘、竹帘等，并与各支撑架牢固结合，遮光率60%～75%。

(5) 浇水：

栽植后即浇透水。出现坑洼不平的地方用原土填平。新叶展开前保持偏湿，展开后土表不干不浇水。雨季及时排水。冻前浇越冬水，翌春化冻后浇返青水。

(6) 追肥：

平畦栽培苗多数为批量出圃，或上盆准备苗，长势越快越壮、分蘖越多越好，故需每20～30天追肥1次，可浇施也可埋施，埋施多选用条沟埋施，沟宽5～6厘米，深3～5厘米，将肥料撒入沟中后原土回填，耙平压实浇透水。

(7) 中耕除草：

雨后、肥后土表板结时中耕。杂草在适温、适湿环境中时有发生，应随发现随薅除。

(8) 掘苗出圃：

铃兰移植季节多在春季，新芽出土时裸根掘苗出圃。反季掘苗移栽，最好能带小土球。如不能带土球时，应强修剪，将地上部分剪除1/2后运输栽植。

85. 怎样用容器栽培铃兰？

答：供应花卉市场的铃兰大多数为容器栽培苗，绿化工程用苗也是容器栽培苗，所以说容器栽培苗用途更广泛。

(1) 平整栽植场地，搭建遮阴棚：

将选好的栽培场地内杂草杂物清理出场外，并做妥善处理，切勿清理了一方乱了另一方，并做平整。定点放线，确定简易阴棚位置。用直径10～12厘米木棍或5厘米以上木方，或12～15×12～15（厘米）钢筋混凝土柱，或3×40×40～4×40×40（毫米）角钢，或适当粗细的钢管做支柱，用竹木、钢材做顶部支撑架，也可用直径4.0（8号）毫米铁丝做顶部支拉撑，并用细镀锌铁丝或专用卡子固定牢固。立柱埋入地下不小于30厘米，风大风多地区还应上下设三角支撑，地下设横木，横木纵向朝风向设立。顶部覆盖遮阳网或苇帘、竹帘或荻帘，遮光率60%～75%。建成后将地面按宽60～90厘米、长4～6米规划成方，方与方间预留40～60厘米宽操作通道，最窄的操作通道应以浇水用的软管能迂回为准。

(2) 选择栽培容器：

栽培容器以口径12～18厘米瓦盆为最好，作为商品，多选用14～18厘米硬塑料盆，工程反季供苗多用12～14厘米口径营养钵。应用的容器应洁净无杂物。

(3) 栽培土壤：

对土壤要求不严，在普通园土中能生长开花，但在人工组合栽培土中生长更快，开花更好。常见用土为：

普通园土30%、细沙土30%、腐叶土或腐殖土40%，另加腐熟厩肥5%～8%；

普通园土60%、腐叶土或腐殖土40%，另加腐熟厩肥8%～10%；

沙壤园土50%、腐叶土或腐殖土50%，另加腐熟厩肥5%左右。

应用腐熟禽类粪肥、腐熟饼肥、颗粒粪肥时为4%～6%，另加肥加入量要视腐叶土中肥的含量多少而定。翻拌均匀，经充分晾晒后即可应用。

(4) 上盆栽植：

分两种情况，即休眠期至新芽萌动期上盆；及生长期上盆。

休眠至萌芽期上盆：将备好的容器用塑料纱网垫好底孔，填装栽培土壤，随填随压实，填至盆高的1/3左右，将苗根系置入盆中，使根系舒展，一手握苗，一手用苗铲填土，随填土、随扶正、随压实，填至留水口处。一般情况每盆栽1～4株，1株时苗位于容器中心，2～4株时分散开栽植。

生长期间上盆：生长期间掘苗上盆，又称反季上盆，多出现在绿化工程施工前期准备工作，如能带土球移栽问题不会太大，如果畦栽苗过密或土质松软，不能带土球时，应裸根掘苗后剪除部分叶片上盆栽植。

(5) 摆放：

按规划好的方，将花盆摆放于方中，应整齐美观，并横成行、竖成线，便于清点数量。

(6) 浇水：

摆放好后浇透水，以后保持湿润。如有条件选用喷浇则更好。雨季及时排水。

(7) 追肥：

生长期间每20天左右追肥1次。追液肥直接浇于土表，勿溅于叶片，如不慎溅于叶片应及时喷水清洗。也可选用埋施中的围施。应用无机肥，应氮磷钾三要素配合，并以磷钾肥为主。

(8) 中耕除草：

肥后、雨后、土表板结时，结合除草进行中耕松土，在适温、适湿环境中，杂草种子随时会萌芽出土，应随时发现随时薅除。

(9) 越冬养护：

自然气温0℃以下，地上部分枯黄时，剪除地上部分，带盆或脱盆带土球移入冷室、阳畦、小弓子棚、地窖或壅土越冬。翌春脱盆换土。

86. 小院花台处夏季中午及下午无直晒光，但通风良好，怎样栽培铃兰？

答：庭院露地栽培要求半阴环境，或上下午有直射光照，中午遮光，通风、排水良好环境。

(1) 整理花台：

花台应高于自然地面，将花台内存放的杂物清理出去。用铁铣翻耕栽培用地，将土壤中砖石碎块清理出去，增加部分新土，新土应为疏松园土或人工组合土壤，并施入腐熟厩肥每平方米3～5千克、腐叶土5～6千克，翻耕深度不浅于25厘米，翻耕压实耙平后浇透水。

(2) 栽植：

栽植穴深应在10～15厘米之间，将根系放入穴中，四周填土，填至将萌动的新芽露出土面。依据实际情况每穴1～3株。栽完后整体刮平。

(3) 浇水：

除灌水夯实外，栽植后即行浇水。新叶展开前保持偏湿，展开后保持湿润。生长期间土表不干不浇水。雨季及时排水。冻前浇越冬水，翌春浇返青水。

(4) 追肥：

生长期间20天左右追肥1次，可浇施也可埋施，埋施选用行间直沟埋施，用苗铲或挠子在行间掘1深3～5厘米、宽4～8厘米小沟，将腐熟肥料撒于沟中，原土回填、刮平压实、浇透水。应用市场供应的小包装肥时，按说明施用。

(5) 中耕除草：

肥后、雨后、土表板结时，结合除草进行中耕，杂草时有发生，发现后及时薅除。

(6) 其它养护：

随时摘除黄叶、残叶，霜后剪除地上部分，清理净台内杂物，浇透水越冬。翌春浇返青水复壮栽培。

87. 在阳台上怎样养好铃兰?

答：在阳台上栽培铃兰方法如下。

(1) 摆放位置：

四个朝向阳台或护栏只要通风良好、有充足的明亮光照均能栽培。南侧、东侧阳台摆放在阳台内窗台上或摆放在阳台地面遮光养护；西向阳台需设遮阳网；北侧阳台摆放于阳台台面上或摆放在防护栏内。距建筑物墙面20厘米以上，以防干热的墙体影响生长。

(2) 容器选择：

家庭条件用的栽培容器不必苛求材质、形式、口径等，但最好应用14～20厘米口径瓦盆。如果阳台有固定花槽，只要中午无直晒就可应用。栽培容器应清洁干净，如有污垢应清除后再用，应用旧花盆更应如此。

(3) 栽培土壤：

普通园土加适当肥料能生长良好，但在人工组合土壤中栽培长势更好。常用土壤有：普通园土30%、细沙土40%、腐叶土30%，另加腐熟厩肥5%～8%，应用腐熟禽类粪肥、腐熟饼肥、颗粒粪肥时为3%～4%；沙壤园土60%、腐叶土或腐殖土40%，另加腐熟厩肥5%～8%，应用腐熟禽类粪肥、腐熟饼肥、颗粒粪肥时为3%～4%。翻拌均匀，经充分晾晒后即可应用。

(4) 栽植：

于春季化冻后裸根掘苗栽植。将备好的花盆用碎瓷片垫好底孔，装填栽培土2～3厘米，刮平压实后沿盆壁撒一圈腐熟有机肥，再填装土壤至不见肥料。将苗的根系放入盆中，四周填土，随填随压实，至留水口处，水口从盆沿至土表2～2.5厘米，双手握盆沿在土地或木板上上下蹾3～4次，使土壤与根系密贴，摆放在选好的地方。

(5) 浇水：

摆放好后即行浇水。以后每天早晨或傍晚浇水及喷水降温，喷水时连同阳台台面、附近建筑物墙面一同喷湿，改善小环境。

(6) 追肥：

生长期间每15～20天追肥1次，可浇施也可埋施。浇灌无机肥时对水成浓度2%～3%，根外追肥（叶面喷肥）浓度为0.2%～0.3%，应用市场供应的小包装肥料按说明施用。追肥最好在下午或傍晚。埋施时埋后浇透水，浇施后喷水洗叶。

(7) 松土除草：

雨后、肥后土表板结时，结合除草松土，以保持土壤孔隙通透。杂草在适温、适湿环境中时有发生，应随发现随薅除，一并将黄叶、枯叶剪除。

(8) 其它养护：

霜后剪除地上部分，浇透水装入泡沫塑料箱，盖好上口置原处或阳台下，过干时，中午掀开盖口浇水，水渗下后仍盖严置原处。翌春化冻后，连同花盆取出，脱盆换土或置阳台面复壮养护。从生苗2～3年脱盆换土1次。

88. 盆栽多年的铃兰，丛株已经挤满盆。每年夏季叶片翠绿，但很少开花，是什么原因？

答：由上述介绍分析，应当是多年未脱盆分株、换土所至。应在春季新芽萌动时脱盆换土，并分株重新栽培，即会良好开花。人工配制栽培土壤的组合前面介绍很多了，可选一种应用。

89. 单位百草园中栽培的铃兰，半截叶片枯干，是什么原因？如何防止这种情况发生？

答：铃兰半截叶片干枯的主要原因应该是光照过强、过度干旱或过度干燥。铃兰喜半阴，不耐直晒，叶片薄草质，一旦直晒即会产生灼伤。再者土壤含水量不足，不能满足植株的消耗，空气又干燥，故造成半截枯干。栽培中应遮光50%～75%，保持土壤湿润，炎热干旱、大风天气勤喷水于叶片，即可减少或不发生叶片干枯现象。

90. 新建单位在绿地中规划“小径听松”及“竹径通幽”两个景点。松林、竹林下要片植玉竹，怎样施工？

答：林下片植玉竹方法如下。

(1) 平整栽培场地：

这里的栽培场地是指同时施工的整块绿地。将场地内杂草、杂物清理出场外，并做妥善处理。将整块地进行平整，并做成0.3%～0.5%坡度，以利排水。

(2) 翻耕栽植场地：

面积大可选用机械翻耕，面积小可采用人工翻耕。翻耕深度一般情况为30～40厘米。同时施入腐熟厩肥，每亩2500～3500千克，要视土壤情况而定，疏松肥沃的园土少施；沙壤土、密度稍高园土多施，并加入腐叶土或腐殖土，每亩2000～2500千克，也可应用锯末、刨花末、碎树皮等。栽植乔灌木还需按穴换土。土壤中如有杂物应过筛，筛出的杂物运出场外处理或就地深埋，杂物深埋的深度应在1～1.5米以下，下部可回填部分建筑挖槽土，40厘米以上应为肥沃园土，土方回填要分层夯实，每回填30～40厘米，灌水夯实一次，确保雨季不下陷。翻耕后整体耙平。

(3) 定点放线：

按设计图用皮尺定点放线，并做出标记。树木按坑施工，玉竹按片施工。

(4) 耖畦叠埂：

确定片植的玉竹位置后，如果面积较大时应分畦叠埂，叠埂后畦内再次耙平，并浇一次透水，水渗下后将坑洼不平的地方用原土垫平。

(5) 栽植：

春季新芽萌动时栽植，株行距应为10～15厘米，可裸根掘苗，栽植深度应为新芽露出土面，四周压实。反季节栽植，多用容器栽培苗，挖栽植穴栽植，栽植穴直径、深度应稍大于栽培容器的直径与高，以能两手捧土球顺利置入栽植穴为度。如选用裸根苗，应将叶片剪去1/3～1/2，以减少体内水分蒸腾。栽植深度比原土痕深2～2.5厘米，四周填土压实耙平。栽植时如果成排成行，虽然比较造作，人工种植痕迹明显，但中耕追肥比较容易；自然式散植，看似自然生长，但由于株行无序，中耕追肥较为困难。另外注意，施工工地应先将土地整理好等苗，切勿苗到再整地，而导致小苗萎蔫，成活率降低。

(6) 浇水：

栽植完成后即行浇透水。新叶展开前保持土壤偏湿，新叶展开后改为土表不干不浇。土壤含水量过多造成根减少、茎节拉长、茎干细弱、叶片变薄；土壤含水量不足，过于干旱，茎干变短，植株变矮，叶片变小甚至枯黄，严重时地上部分全部死亡，但地下部分仍能坚持一段时间，遇水仍能发生新芽。如果因水涝地上部分枯死，地下部分也随之死亡，故雨季应及时排水。叶片上落尘过多时，应于上午或下午避开炎热中午喷水，一则洗去叶片积尘，二则改善栽植地小环境。霜后冻土前浇越冬水。翌春化冻后浇返青水。

(7) 追肥：

露地栽培苗栽植后每隔60～90天追肥1次，通常能良好生长。选用浇施、埋施效果均较好。

(8) 中耕除草：

栽培苗株行间密度较高，板结不是太严重时可不必中耕。板结严重时浅中耕，对杂草应随发现随薅除。

(9) 其它栽培养护：

随时摘除枯黄残败叶。风雨天气发现倒伏及时扶正。冻土前将地上部分剪除，场地清理并保持洁净，浇越冬水越冬。翌春化冻后浇返青水，作复壮栽培。

91. 怎样用容器养好玉竹？

答：玉竹多用于无直射光照处的小植被，玉竹在乔灌木浓荫下只要通风良好也能良好生长。容器栽培养护也比较粗放。

(1) 栽培容器选择：

栽培玉竹的容器通常为口径12～18厘米瓦盆、红泥盆或白砂盆。商品植株可选用口径14～18厘米硬塑料盆。反季节绿化工程育苗，可选用10×10～14×10（厘米）的小营养钵，容器必须清洁干净。

(2) 栽培土壤选择：

普通园土60%、细沙土20%、腐叶土或腐殖土20%，另加腐熟厩肥10%，或腐熟禽类粪肥、腐熟饼肥、颗粒粪肥5%～6%。

普通园土按容量加入腐熟厩肥15%左右，或腐熟禽类粪肥、腐熟饼肥、颗粒粪肥5%～6%。

普通园土30%、细沙土30%、腐叶土或腐殖土40%，另加腐熟厩肥8%～10%，或腐熟禽类粪肥、腐熟饼肥、颗粒粪肥4%～5%。

普通沙壤园土60%、腐叶土或腐殖土40%，另加腐熟厩肥8%～10%，或腐熟禽类粪肥、腐熟饼肥、颗粒粪肥4%～5%。

经翻拌均匀，充分晾晒或高温消毒灭虫、灭菌后应用。

(3) 掘苗上盆：

于春季化冻后至新芽出土之际，用铁铣或苗铲将畦栽苗掘出，盆栽苗脱盆裸根上盆。装盆时先将备好的花盆用塑料纱网或碎瓷片将底孔垫好，填装栽培土至盆高的1/2左右，将块状根茎横向置于盆土上，四周填土，其栽植深度为新芽先端露出土表，压实使土壤与根系密贴。反季节上盆有两种方法：一种为掘苗时带土球，另一种为裸根掘苗。带土球苗，可稍作整形修剪后随起随上盆；裸根苗需将茎叶修剪去1/2～2/3，以减少叶片的蒸腾作用，保存体内水分以利成活，上盆方法与春季苗相同。成活后可随时提供绿化工程用苗。这种苗如能春季新芽萌动时上盆则更好，成活率更高。

(4) 搭建阴棚：

可参照本篇84、85问。

(5) 摆放：

棚内地面按宽60～150厘米、长4～6米为1方划线，将上好盆的苗横成行、竖成线放置于划好线的方中。方与方之间预留40～60厘米宽操作通道，棚外要留搬运通道。

(6) 浇水：

摆放好后浇透水，保持湿润。叶片展开后控制浇水量，土表不干不浇水。雨季及时排水。冻前浇越冬水。越冬的冷室苗、阳畦苗、小弓子棚苗，盆土不过干不浇水，过于干旱时，中午浇水。

(7) 追肥：

容器栽培玉竹在生长期间每20～30天追肥1次，追肥可选用浇施或埋施。开始施肥宜淡，以后逐步加浓，直至降霜前。春季复壮苗，移至阴棚下即行追肥。

(8) 中耕除草：

肥后、雨后，土表板结时结合除草进行松土。杂草在适温、适湿环境中时有发生，应随时发现随时薅除。

(9) 其它养护管理：

风雨后对歪斜或倒伏苗及时扶正。随时剪除残枝枯叶，霜后剪除地上部分，移至冷室、阳畦、小弓子棚、地窖或壅土越冬。翌春化冻后仍移回阴棚下复壮栽培。

92. 在楼房阳台上怎样栽培玉竹？

答：在阳台上栽培玉竹方法如下。

(1) 阳台朝向的选择：

玉竹为喜阴花卉，要求遮去自然光照40%～60%，且喜湿润，阳台栽培需要创造这种条件。南向阳台摆放在阳台内窗台上，如摆放在阳台台面上需要中午遮光；东向阳台通常上午有光照，中午、下午无直射光照，可不遮光；西向阳台下午直射光照强度大、时间长，必须遮光；北向阳台最理想，为上、下午有短时直射光，且通风良好，可以良好生长。另外建筑物墙面在阳光直射下吸收大量热量，使阳台环境变得温度高而干燥，这对玉竹来说是有很大伤害的。所以在摆放前应设置沙盘、沙箱或接水盘，并需每日喷水改善小环境条件。

(2) 栽培容器的选择：

家庭环境栽培玉竹所用的容器，无论在口径、材质、形状上均无需苛求，只要底孔能良好排水即能应用，但最好还是口径12～18厘米瓦盆。应用的容器必须洁净。

(3) 栽培土壤：

在阳台上用花盆栽培玉竹，土壤必须疏松通透，既能良好排水，又能保水，还需肥沃，富含腐殖质。

普通园土50%、细沙土20%、腐叶土30%，另加腐熟厩肥8%～10%，应用腐熟禽类粪肥、腐熟饼肥、颗粒粪肥4%～6%。应用市场供应的小包装肥料时，按说明施用。

普通沙壤园土60%、腐叶土40%，另加腐熟厩肥5%～8%，应用腐熟禽类粪肥、腐熟饼肥、颗粒粪肥4%～5%。应用花卉市场供应的小包装肥料时，按说明施用。

(4) 上盆栽植：

于春季新芽萌动前后，将备好的花盆底孔垫好，填装栽培土至盆高的1/2～2/3处，刮平压实，将根状茎横置于土表，再向四周填土，随填土随压实，直至留水口处，水口从盆沿至盆内土面2～2.5厘米，过浅，1次浇水浇不透，还需二次补水；过深，则减少本来盛土就不多的容积。一般情况口径10～12厘米高筒小盆栽植1～3株；14～16厘米口径盆栽植3～6株；17～18厘米口径盆6～8株，过少显得空荡，过多显得拥挤。如果应用硬塑料盆、陶盆、瓷盆等，应将沙土含量或腐叶土含量增多，使其更加通透。

(5) 摆放：

上盆后摆放于设好遮光设施的阳台面上或护栏内，盆下设沙盘、沙箱或接水盘，距离向阳墙面至少要20厘米。

(6) 浇水：

摆放好后即行浇水，保持湿润。夏季浇水或喷水应于早晨或傍晚，避开炎热中午。浇或喷水同时将沙盘、沙箱喷湿，接水盘内保持有水。炎热季节、晴天、干旱天气、风天多浇多喷；低温天气、阴雨天气少浇少喷或不浇不喷。

(7) 追肥：

家庭环境为防止异味应选用埋施，即将盆内沿盆壁的土表掘开，深度3～6厘米，将腐熟或颗粒有机肥撒入沟内，然后原土回填，刮平压实浇透水。也可以照上述方法将肥水灌入沟内，原土回填。应用无机肥对水成浓度2%～3%浇灌，生长期间每月余1次。应用花卉市场供应的小包装肥料，按说明施用。

(8) 松土除草：

风雨天、干旱天、肥后土表板结时，结合除草进行松土，杂草在适温、适湿环境中时有发生，既与栽培植物争夺水分养分，还影响土温的上升，一旦长大与玉竹根系缠绕在一起，薅除时很有可能连同玉竹一同拔出盆外，只能用剪子由基部剪除，既费力又费工，故须趁小时带根薅除。

(9) 转盆：

阳台上多数为单面受光，造成植株为追光偏向一侧，因此生长期间每7～10天转盆1次，以保证植株生长端正。

(10) 其它栽培养护：

随时剪除枯黄败叶。风雨天对倒伏或歪向一侧的植株及时扶正。霜后剪除地上部分，装入泡沫塑料箱，仍置阳台上或护栏内越冬。每隔月余开箱通风一次。过干时补充浇水。翌春室外化冻后，脱盆换土或作复壮栽培。

93. 盆栽玉竹已经有4年了，几乎每年开花，但从未结实是什么原因？

答：玉竹为自花授粉花卉，不应该不结实。盆栽开花后不正常结实，有两个主要原因：其一未能正常授粉；其二盆土过湿。不能正常授粉时，可于花期进行人工授粉，授粉时间于晴好天气上午9:00至下午16:00，用新毛笔或脱脂棉签，将成熟的花粉蘸下点在雌蕊柱头上，为不损坏雌蕊，点蘸时要轻，并需分时段点授2～3次，授粉后控制浇水，1～2天后再浇，即会结实了。

94. 怎样用容器栽培好万寿竹？

答：万寿竹喜温暖、喜湿润。通常选用14～20厘米口径高筒花盆。栽培土壤选用普通园土50%、细沙土20%、腐叶土或腐殖土30%，另加腐熟厩肥5%～8%，拌均匀，经晾晒后于春季新叶未萌动前上盆。置温室后口（北侧）或半阴场地，也可置于阴棚下。阳台环境置阳台内的窗台上，盆下放一接水盘，浇透水，以后保持盆土不过干。生长期间每月余追肥1次。勤松土，发现杂草及时薅除。霜前移入普通温室，冬季室温不低于5℃即能良好越冬。冬季保持盆土不干不浇水。翌春移出温室，仍置阴棚下栽培。

95. 怎样用容器栽培好假万寿竹？

答：假万寿竹通常也称万寿竹。选用16～20厘米口径花盆，栽培土为普通园土50%、细沙土30%、腐叶土或腐殖土20%，另加腐熟厩肥5%～8%，经充分晾晒后应用。栽培季节最好在春季，如反季节上盆应强修剪。其它参照万寿竹。

96. 宝铎草能盆栽吗？

答: 宝铎草最好在畦坛栽培, 没条件或需要容器栽培时, 也可以栽培。

(1) 栽培容器选择：

选择14～20厘米口径花盆，批量生产可选用软塑料营养钵。

(2) 栽培土壤：

习惯上应用普通园土50%、细沙土20%、腐叶土30%，另加腐熟厩肥5%～8%；或沙壤园土60%、腐叶土40%，另加腐熟厩肥5%～8%，翻拌均匀，经充分晾晒后上盆栽植。

(3) 上盆栽植：

于春季新叶萌动前或雨季结合分株，带部分宿土栽植。栽植前一定要用塑料纱网或碎瓷片垫好盆孔，以防地下害虫由盆底孔钻入盆内危害，也保障良好排水。上盆后按方摆放在阴棚下，浇透水保持盆土不过干。其它栽培养护参照铃兰栽培。

五、病虫害防治篇

1. 发现文竹枝枯病怎样预防？

答：文竹枝枯病多从小枝上开始，病斑初为长椭圆形黄色，并逐步向下蔓延或环绕于茎部，随之病斑上部枝叶枯干脱落，病斑部黄白色，布满黑色小斑点，直晒下通风不良易发病。

防治方法：

(1) 发现病枝由病部以下位置及时剪除，集中烧毁，伤口用酒精消毒后涂抹凡士林。

(2) 喷洒75% 百菌清可湿性粉剂800倍液，或50%多菌灵可湿性粉剂1000倍液，或应用高锰酸钾1500倍液，均有抑制病情效果。

2. 万年青炭疽病如何防治？

答：万年青炭疽病初发病时，在叶片上产生水渍状黄色小斑点，而后逐步扩大成黄褐色至褐色不规则大斑，后期病斑处呈灰白色，边缘有较宽红褐至浅褐色边，有明显轮纹，严重时病斑相接变成大片，而后干枯，斑处轮生毛刺状小黑点即分生孢子，潮湿环境中会涌出粉红色的胶粒状物，病菌随雨水及喷水传播，有介壳虫危害时发病严重。

防治方法：

(1) 初发病时及时剪除病叶烧毁。

(2) 严格检疫，不使病株入圃及出圃。

(3) 喷水时尽可能减小水压，不使叶片产生微伤。

(4) 养护操作时减少人为机械刮蹭。

(5) 及时防治介壳虫危害。

(6) 发病前或发病初期喷洒70%炭疽福美可湿性粉剂500倍液，每10天左右1次，连续3～4次，有抑制病情效果。

3. 生有介壳虫怎样防治?

答：介壳虫又称树虱子，种类很多，危害的植物也很广泛，形态习性也各有差异，相同的是固定于植物枝叶上，刺吸汁液造成生长势减弱，严重时造成干枯死亡。

防治方法：

(1) 虫口数量不多时，可人工剥除或用硬毛刷刷除。

(2) 喷洒40%氧化乐果 乳油1500～1800倍液，每隔10天1次，连续3～4次。

(3) 埋施10%铁灭克颗粒剂，依据花盆大小施用1～5克，杀除介壳虫。

(4) 撒施50%西维因可湿性粉剂也有效果。

4. 有蚜虫如何防治?

答：蚜虫又称蜜虫、腻虫等，群集于嫩枝、嫩叶危害，使嫩枝、嫩叶变形，植株停止生长，严重时造成死苗。

防治方法：

(1) 虫口数量不多时可人工捕杀。

(2) 喷洒40%氧化乐果乳油1500～1800倍液，或20%杀灭菊酯乳油6000～8000倍液杀除。

5. 有红蜘蛛危害如何防治?

答：红蜘蛛多在通风不良、空气干燥环境危害严重。群集刺吸植株汁液，造成长势渐弱，停止生长，严重时令全株死亡。

防治方法：

(1) 栽培数量不多，虫口数量较少时，可连续用水冲洗，直到不见虫体为止。

(2) 喷洒40%三氯杀螨醇乳油1200～1500倍液，或15%哒螨酮乳剂3000倍液，或50%尼索朗乳剂1500倍液，或40%氧化乐果乳油1500倍液杀除。

6. 有白粉虱危害如何防治？

答：白粉虱群集于叶背刺吸汁液并产卵于叶背，啃食叶肉，造成叶片失绿，植株停止生长，严重时令全株枯死。

防治方法：

喷洒40%氧化乐果乳油，或50%杀螟硫磷乳油，或50%马拉硫磷乳油1500～1800倍液，或2.5%溴氰菊酯乳油，或10%二氯苯菊酯乳油2000～3000倍液，或20%朴虱灵可湿性粉剂1500倍液杀除。

7. 有毛虫啃食叶片如何防治？

答：毛虫种类很多，啃食叶片轻者造成残缺，严重时将叶片全部啃食光，只剩叶脉，造成长势渐弱，严重时令全株死亡。

防治方法：

(1) 虫口数量不多时可人工捕杀。

(2) 喷洒40%氧化乐果乳油1000～1500倍液，或20%杀灭菊酯乳油6000倍液，或50%西维因可湿性粉剂500～800倍液杀除。

8. 有蛴螬危害如何杀除？

答：蛴螬是金龟子的幼虫，藏于土壤内，特别是腐叶土中更多，啃食或咬断嫩根，造成植株停止生长或长势减弱。

防治方法：

(1) 脱盆人工捕杀。

(2) 浇灌50%辛硫磷乳油1000～1500倍液杀除。

9. 地老虎危害如何防治？

答：地老虎常在夜间行动，啃食嫩叶及幼芽，有将幼芽、嫩叶基部拖入土壤，形成假植的现象，造成植株叶片大缺刻或啃断新茎等伤害。

防治方法：

(1) 有叶片或嫩枝基部被拖入土表以下的现象，将其掘出捕杀。

(2) 浇透水，将土壤孔隙灌满造成缺氧而逼迫其自行爬出来捕杀。

(3) 浇灌50%辛硫磷乳油，或50%马拉硫磷乳油1500倍液杀除。

10. 栽培场地有大量潮虫爬来爬去，怎样防治？

答：潮虫又称鼠妇、鼠婆、瓜子虫等，危害多种温室花卉，啃咬新根、嫩芽，造成植株生长缓慢或停止生长。

防治方法：

(1) 移动花盆人工捕杀。

(2) 喷洒40%氧化乐果乳油1500～1800倍液，或20%杀灭菊酯乳油5000倍液，或50%马拉硫磷1000倍液，向潮湿、阴暗的地面、墙面、犄角旮旯严密喷洒杀除。

11. 家中花盆应用的栽培土应如何消毒灭菌？

答：家中花盆用土的消毒可采用以下两种方法：

(1) 于夏季晴好干燥天气，将配置组合好的土壤摊在阳光直晒的水泥地面上，厚度约8～10厘米，随翻拌随晾晒，每1～2个小时翻拌1次，直至干透，装入塑料编织袋或塑料袋或其它容器中备用。

(2) 放入高压锅中蒸，开锅后再蒸15～20分钟，取出后，待恢复常温后即可应用或贮存。

六、应 用 篇

1. 百合科的观叶植物在园林绿化中如何布置？

答：百合科观叶植物中有的高大盈米，有的矮小可作微型盆栽。叶片有的长大如扇，有的细小如丝，有的青翠欲滴，有的苍绿如松，斑叶的绿中带金、带银更为美观。有的四季常绿，千姿百态，在园林绿地中异彩纷呈。

(1) 耐寒的天冬类、绵枣类、藜芦、黄精、玉竹、宝铎草、铃兰等为良好植被。既有在阳光下能良好生长的耐寒天冬类，也有浓荫下良好生长的玉竹、铃兰类。能用于片植、带植、团栽、三五点植，均能有好的效果。

(2) 容器栽培可用于参加花卉品种展及盛大节日花展，多肉类可参加多浆、多肉花卉展。

(3) 容器栽培还可布置在硬地面的厂区道路两旁，及门前、楼前、屋后、庭堂、走廊、阶前、室外宣传栏下。

(4) 布置花境、花带、花坛等，高大的种类作为中心或背景，丛生矮小的用于边缘或分隔线。

(5) 天冬草、麦冬草、沿阶草用于室内布置，可在大厅花坛边缘、宣传栏下、花槽及需要矮小种类布置的空间。也可布置会议室前台或会议圆桌中间。放在办公室的花架、窗台等不妨碍工作的地方，也很雅致。

(6) 枝叶可做切花，做各种插花、花饰的衬材。可做各种题材干花。

2. 百合科观叶植物中哪些可以作为蔬菜？

答：可作为蔬菜的百合科观叶植物有：

(1) 龙须菜：2年生以上的越冬芽，于早春用蒲席、草帘上壅土，或直接壅土压严浇透水，使芽在重压下生长得较粗壮而嫩脆。通常10厘米长时可刈取。新芽因受压常有弯曲不直的，故称龙须菜或银龙菜。可素炒，也可同肉丝、鸡丝、鸡蛋、虾仁、鱿鱼丝等一起炒作为荤菜。

(2) 芦笋：芦笋作为石刁柏的幼芽，为常见的蔬菜。饭店中通常素炒或素烧，也可以加入肉丝、鸡丝、鱼片、虾仁、鱿鱼丝等做成荤菜。

(3) 绵枣儿：鳞茎浸煮后，味甜可食。

3. 百合科观叶植物中哪些可供药用？

答：可供药用的百合科观叶植物有：

(1) 攀枝天门冬：块根入药，具有清肺镇咳的功效。

(2) 曲枝天门冬：块根入药，具有清热化痰的功效。

(3) 铃兰：全草入药，具有强心利尿的功效。

(4) 一叶兰：全草或根茎入药，具有清热利尿，活血通经的作用。可治感冒发热、头痛，跌打骨折等症。

(5) 玉黍万年青：全草入药，具有清热、散瘀、止痛之功效。

(6) 知母：具有滋阴降火、润燥滑肠之功效。

(7) 沿阶草、山麦冬等：小块根即中草药中的麦冬，有生津止渴，润肺止咳之功效。

(8) 黄精：块状根茎入药，具有滋阴健体的功效。

(9) 玉竹：块状根茎入药，具有滋阴强壮的功效。

(10) 藜芦：全草入药，具有祛痰、催吐的作用，但有毒，应慎用。全草可做杀虫剂。

藜芦

木锉掌

养花专家解惑答疑

宝塔十二卷

星点十二卷

宝塔十二卷

条纹十二卷

象脚掌

元宝掌

水晶莲花掌

厚叶莲花掌

沙鱼掌

虎眼万年青　　沿阶草

宽叶麦冬

蓝果麦冬

麦冬草

金边宽叶麦冬

细叶麦冬

吉祥草

金心吊兰

金边玉黍万年青

斑叶一叶兰

金边吊兰

金边万年青

一叶兰

玉黍万年青

一叶兰的花

假叶树

武竹

文竹

狐尾天冬草

文竹

铃兰

天冬草

芦笋

黄精

玉簪

玉簪